打开 Illumination

想象另一种可能

理想国
imaginist

钱永祥　　　　　　　　　　著

The Mirror of　　人性的镜子：
Humanity:　　　动物伦理14讲
14 Talks
on Animal Ethics

当代世界出版社
THE CONTEMPORARY WORLD PRESS

真正的人性之善，只有在它的承受者毫无力量的情况下，才能尽其纯粹、尽其自由地展现出来。人类的真正道德考验，最根本的考验（它深藏不露，我们察觉不到），就在于你怎么对待这些命运完全由人类来摆布的生命：动物。在这方面，人类从根上彻底失败，其他的一切失败，根源都在这个根子上的失败。

——米兰·昆德拉
《生命中不能承受之轻》

目录

001 前 言

第1讲 动物为什么构成道德问题?

009 一、一个"素人"的思考
012 二、什么叫"爱"动物?
014 三、不能说的真相,残缺的道德地图
019 四、如何思考动物?

第2讲 人类如何看动物:心理学的线索

024 一、几种看动物的心理机制
028 二、惧怕死亡,就要贬低动物?
034 三、总结

第3讲　人类中心主义的起源

- 038　一、人类世
- 041　二、人类中心意识形态的基础
- 044　三、宗教与哲学的傲慢
- 046　四、借理性摆脱肉体与死亡

第4讲　动物伦理学的来时路

- 052　一、否定动物的道德地位
- 054　二、绝对否定与相对否定
- 056　三、时代的限制
- 061　四、人道主义革命
- 062　五、高调的道德观与低调的道德观

第5讲　效益主义：从18世纪到20世纪70年代

- 068　一、效益主义：一种"后果"导向的道德观
- 072　二、效益主义对动物的态度
- 075　三、动物伦理学如何兴起？

第6讲 彼得·辛格（上）：痛苦衍生的道德要求

082　一、你怎么知道动物会痛苦？
085　二、能感知痛苦，就应该获得道德保护
088　三、利益必须获得平等的考量
091　四、总结

第7讲 彼得·辛格（下）：吃肉与动物实验

095　一、我们该不该吃肉？
099　二、该用动物做实验吗？

第8讲 汤姆·里根（上）：从辛格转到康德

109　一、里根对辛格的批评
112　二、里根如何借用康德主义
114　三、康德的人格概念
117　四、里根对康德的修正

第9讲 汤姆·里根（下）：寻找动物的主体

- 121　一、什么是"固有价值"？
- 124　二、动物有固有价值吗？
- 126　三、固有价值永远是平等的
- 128　四、争议与贡献

第10讲 纳斯鲍姆（上）："能尽其性"的动物伦理

- 134　一、想象动物的三个阶段
- 137　二、纳斯鲍姆与能力论
- 142　三、动物能力清单

第11讲 纳斯鲍姆（下）：能力论衍生的几个问题

- 148　一、关心个体还是物种？
- 151　二、反对崇拜自然
- 155　三、人类与动物的利益冲突
- 157　四、消极责任与积极责任

第12讲 女性主义：关怀伦理与支配逻辑

162　一、三家动物伦理学的共同逻辑
165　二、女性主义与动物问题
167　三、吉利根的女性关怀伦理
170　四、关怀伦理的局限与突破
171　五、生态女性主义与支配逻辑

第13讲 德性伦理：从情感回到自身

176　一、情绪的道德意义
178　二、同情心的根源
182　三、从情绪到德性
184　四、德性伦理与动物
185　五、德性与"爱"动物
187　六、德性与吃肉
188　七、动物伦理的德性要求

第14讲 停步望远：动物伦理与社会进步

- 192 一、为什么挑选这几种理论？
- 193 二、哪一种理论比较好？
- 195 三、辛格理论的优点
- 196 四、德性伦理的优点
- 198 五、伦理学有用吗？
- 200 六、动物伦理与社会进步
- 202 七、我们从何处着手？
- 205 八、结语

- 207 附录：一份或可参考的书目

- 215 致谢

前　言

撰写一本介绍／讨论动物伦理的书，是我多年来的心愿。至于这本书应该怎么写，开始的时候我并没有清晰的想法。我假定的读者是一切关注动物议题的人，希望有关动物伦理学的问题意识和思考成果可以帮助不同背景的读者，在他们的个人生活以及公共环境里找到人类和动物的相处、共存之道。为了这个目的，写一本入门用的导论书，整理、介绍当代动物伦理学的各家理论，似乎顺理成章。但我很快发现，教科书式的导论不仅无趣，而且无法完整呈现动物伦理的历史意义与社会功能。

这一问题出在伦理学的先天成见：伦理学或者道德哲学，从来就是以"人"为主题的。道德所关注的是人，伦理学不言自明就是**人的伦理学**，前面"人的"两个字其实是赘文。针对"人"的伦理，深刻精彩的思考和讨论已经进行了几千年，人们并不陌生，也不会怀疑它的存在是有理由、有必要、有价值的。但是几千年来，动物却始终被排除在道德领域之外，人们并不认为动物可以构成伦理思辨的主题。这时候，要谈动物伦理，就需要先看看人类究竟对动物持有什么偏见，需要了解人类的道德观为什么容不下动物，以及在这样的情况之下，历史潮流又是如何突破了伦理学的偏狭视野，为动物开辟了一块容身之地。换言之，在进入动物伦理的**理论**之前，需要先做一些**历史**的回顾。先设法勾勒动物在人类道德意识中浮现的历史经过，动物伦理学的革命意义才能明朗。

不过，动物伦理的历史背景，超出了一般伦理学导论书常见的格局。何况要在历史叙事跟伦理学的哲学理论之间建立有机的联结，还需要经营一套完整的问题意识，能够贯通历史与哲学，这并不是求精求简的入门书所能做到的。就动物问题来说，"人类中心主义"提供了最核心而又尖锐的问题意识。本书的"动物伦理"，就是围绕这个问题展开的，从历史上人类中心主义的产生和影响，到道德思考如何设法克服人类中心主义，建立人类跟动物的伦理关系，这整个论述决定了这本书的结构。我力求写得简明清晰，维持应该具备的导论功能，但是我也设法让这个导论，以足够宽阔的幅度呈现动物伦理的发展历程和内部活泼的动态。

关于本书的内容，有几个明显的缺位，需要略做说明。

首先，书中涉及的动物伦理的历史与哲学，几乎都是在谈西方的情况。这当然不是说西方以外或者华人世界没有动物的问题，或者我对中国的动物问题不感兴趣，而只是因为动物在中国历史上是什么情形，中国人跟动物又是什么样的关系，历史学者还没有做出完整的研究。而中国历代的思想家怎么看动物的道德地位，我也找不到系统的参考材料。当代，几乎所有的动物伦理著作，都是由西方学者撰写的，因此我们的讨论也只好偏重西方特别是英语世界。目前，用中文写作、做中文研究的历史学家、哲学家，以及社会科学、动物科学等领域的学者，从事动物议题研究的人已经在增加。相信不久的将来，我们可以针对中国文化圈的动物议题，进行哲学和历史的论辩。

其次，宗教一向是伦理思考的重要源头，对人们看动物的方式也有决定性的影响。但是本书除了对基督教的动物观点有所检讨之外，完全没有谈到宗教——特别是东方宗教——的动物伦理。这当然是一个缺失。佛教在中文世界尤其重要。台湾民间一部分人对动物持有比较友善的态度,往往来自佛教的感化。近年来,在动物保护运动里,佛教人士也有杰出的贡献。不过我不懂佛学,没有能力在佛教的动物伦理上置喙。好在台湾的释昭慧法师已有多本著作,对佛教的生命伦理多有阐发,有兴趣的读者可以参考。

再次,本书的主轴虽然是了解和检讨人类中心主义,但是在书中我对当代西方新兴的"后人类主义"未置一词。后人类主义这股思潮,正是企图颠覆、打破整个"人类中心"的形而上学传统,也就是西方主流的思考传统。既然本书要检讨人类中心主义,为什么不引入后人类主义这种最激进、彻底的观点呢?我有两方面的考虑:一方面,我当然承认人类具有自然性、动物性,乃至于复杂性;人类镶嵌在万物互动的生活世界中,并不是孑然独立的自足个体;我也不会用理性、语言或者其他人类独特的能力,界定一种本质性的、纯粹人性的"人"。但是从形而上的角度去**建构**或者**解构**"人",两者都不是我在本书里的主要关怀所在。我关切的是人类想象动物的方式,如何影响了人类跟动物的关系。我认为即使在人本主义意义之下的人类，也已经拥有足够的道德能力跟道德情感，可以改用更为人道的方式对待动物，减轻对动物的残暴统治。人类中心主义的错误，对这些道德能力与道德情感设下了狭隘的适用范围，结果构成了物种歧视。我对人类中心主义的批判，目的是要突破这些限制，从而挑战物种歧视。换言之，我并不需要特地发展或者设定某种"后人本主义"的"后人类"，去替换掉人类的道德能力和道德情感，才能批判物种歧视，完成我的动物伦理学工作。

另一方面，我反而担心，所谓的后人类，在摆脱人类中心主义的同时，会不会也逃脱了人类对动物必须承担的责任？在书里第3讲，我谈到人类中心主义其实是不可避免的，因为我们只能透过人类的视角去看世界；其实，这个认识论意义上的人类中心主义，对人类的道德概念也完全适用。我们的道德观念、道德词汇、道德价值，都是围绕着人类而演化积累出来的。如果用身份不定的"后人类"来替代人类，这些既有的道德工具和道德理想，难道不需要重新翻修吗？后人类主义的道德观会是什么面貌，其实并不清楚。我也无法设想赛博格（cyborg，用科技修补、强化过的人）、AI，或者某种新品种的人类／动物主体，会持有什么样的道德观。换言之，我的疑惑是：后人类主义能不能发展出比较完整的动物伦理,对现行的残暴使用动物的体制提出批判,甚至于为动物立法和涉及动物的公共政策提供理论基础和实践指引?这一点,我有些怀疑。

或许是因为我对人类中心主义的批判不够激进、彻底,保留了基本的人类道德架构,所以本书从书名到结论都回到了"人类"。"人性的镜子"所映照的,当然是人类的群像。而我在结论中也写道:"动物伦理不仅希望减少动物的苦难,也着眼于改善人的道德品质,进而推动社会的道德进步。"这么说,难道动物伦理仍然是一种教化人类的伦理?确实如此。其实每一种动物伦理,每一本动物伦理的书,说话的对象都是人类。毕竟,动物的问题出在人类身上,正本清源也只能回到人类。动物伦理学的各家理论,都在设法提供善待动物的理由跟行动原则。但是人类有没有足够的动机、能力以及情感,去把这些原则付诸行动,就要看人类本身的性格、心态了。所以我认为动物伦理学的范围必须包括人类自身在内。动物伦理,必定是人类与动物的伦理。在这一点上,我身为人类的一员,是不会推卸责任的。我写作这本书,正是一种对自己的认识和反省。

这本书原先是以讲稿的形式写成,在"看理想"平台以音频节目的方式播出。改成书稿时，我尽量保留了之前的口语化，也维持了此前少用英文、不加注解、尽量不直接引用他人著作的体例，借此方便读者阅读。当初讲稿分为14讲，限于每讲需要在二十多分钟之内结束，所以都相当简短。正好我偏爱简短，认为简短是一种知性的美德，所以书稿虽经过修订增补，但是仍设法保持简短的特色。因袭旧制，书稿里我维持了"讲"这个单位，没有改称"章"，以尽量保留讲述的生动。此外，由于各讲播出的时间会有几天的间隔，并且听者通常也不会连续收听，所以每讲开始的时候，需要回顾前一讲的主要内容。我猜想，这种重复，对纸质书的读者也会有帮助，所以也一律保留下来，希望读者不会觉得烦冗。

　　简短并不意味着简化。虽然从一开始，我就不希望这本书变成一本学院著作，被学院的繁文缛节和各种装饰损伤了可读性，不过我尊重学术，要求书里的论证和论断，要有坚实的学术基础以及经得起推敲、诘疑的逻辑推理。本书尽量不直接引用他人的著作，但是在漫长的准备和写作过程中，我当然参考过相当大量的书籍和文章。我认为，在这样一本求其简短易读的导论书里，没有必要详细列出这些参考资料。不过如果读者有兴趣知道我的主要依据，或是有意自己去进行进一步的阅读，在全书结尾处，我列出了一些重要的书和文章，读者可以参考。

最后一句多余的话：一如任何一本伦理学的著作，本书无意也无力提供给你如何行动、如何生活的准则或者公式。我希望书里提出的各种历史经验、道德观点、动物伦理的理论，以及我个人的随笔感想，能够丰富你的思考和情感资源，让你在面对动物情境的时候，做出比较妥当的判断与决定。但是当然，我的种种说法是不是成立，是不是有说服力，以及你在现实生活中将如何对待动物，都是要由你自己来判断和抉择的。

第 1 讲

动物为什么构成道德问题？

看到这本小书，很多人会感到诧异，动物有那么重要吗？跟"道德"或者"伦理"这类唯有人类才能知、能行的文明表现会有关系吗？真的有必要把动物当成道德的问题来认真探讨吗？在进入正文之前，我想先从很实际的角度说明一下，动物为什么构成了一个道德问题。

一、一个"素人"的思考

其实，你会愿意来读这本关于动物伦理的小书，表示你对动物已经有了一定程度的关注了。我们多数人都不是动物学者或动物医师，我们所从事的职业，或者在日常的生活里，也未必跟动物发生直接、深入的关系，更不要说专业性质的研究。我自己长年阅读动物伦理相关的书籍，也参加了一些动物保护团体的活动，但是我必须承认自己是个"素人"，关心动物好像只是一件"业余"的工作。我猜想，绝大多数人的情况，都跟我类似。

当然，这并不代表我们的关心不够真诚、认真。事实上，大家会开始关心动物的议题，思考自己跟动物的关系，原因虽然因人而异，但是仍然有一个共同的核心：那就是动物直接挑战我们的道德意识，提出了一些跟道德有关的问题。我们会问自己：把猫狗关在家里当宠物，有没有违背它们的天性？屠宰动物和吃肉，是不是残忍又放纵口腹之欲的行为？动物园不就是展览囚犯的动物监狱？把病毒注入活生生的动物体内来做医学实验，观察它们罹患各种疾病的过程直到死亡，难道没有违反人性、人道吗？类似的疑问不胜枚举。话说回来，道德就是在追问每个人的言行跟价值观是不是"对"的、是不是"善良"的，终极追问自己活在世上究竟想要成为一个什么样的人。这些问题，你跟我都不可能逃避。所以在动物的问题上，你我虽然都是素人，都很业余，也无法不去面对动物对我们提出的道德问题，用动物作为镜子照照自己，看看自己是一个什么样的人。

有人会质疑，日常生活里令人烦恼的事情已经够多了。你可以关心人间的各种道德问题，从战争、饥荒，到暴力、贫富差距，到各种压迫与剥削，简直"罄竹难书"，动物有资格排上我们的道德日程表吗？也常有人说，人的问题都管不完，还能管到动物？这些说法当然很无聊。试问：你能在众多道德问题之间排出轻重先后的次序吗？即使排得出来，难道大家都只能关注那个所谓的唯一重要、优先的问题，而忽略其他吗？如果要管完人的问题才能管到动物，那么照这个逻辑，你自己的问题管得完吗？既然你自己的问题都管不完了，又哪能管到人的问题呢？

不过确实，在人类的世界里，动物的存在通常不会受到重视。拿我自己来说，我的学术专业偏向政治哲学跟道德哲学，可以完全不理会动物。不过我喜欢动物，生活中有几只小猫做伴，借着这个机缘，我开始思考自己跟动物的关系。我猜想，这种属于个人情感的出发点，也是很多人的经验。你开始注意动物，很可能也是被身边的猫猫狗狗所触发的。"爱"动物的人，特别是爱自己身边的猫狗小动物，通常会对动物议题多一份关心，这是很自然的事。

二、什么叫"爱"动物?

但是"爱"动物是什么意思?这个问题乍看之下很单纯,细想却很复杂,我们正可以从这里开始,探索爱动物会引发什么道德性质的问题。

一般认为,爱动物只是个人的情感小事,反映你的感情偏好;刻薄一点的人会说你是人际关系失败、心里空虚才想找个小猫小狗作为寄托。其实,人类需要情感的寄托本来是很正常的事,为什么会引起嘲讽?当然是因为你找的对象是动物。这背后的假定是:寄情于特定的人类是正常的,寄情于动物则属于反常。那么有人寄情于花草,寄情于山水,寄情于琴棋书画,甚至寄情于宗教信仰,那又是正常还是反常?其实人皆有情,情感一定有对象,以动物作为情感的对象,所需要的移情想象能力相当高,所要求的个人道德质量也更为丰富、严格,在后面我们会有一讲详细讨论**情感的道德内容**。无论如何,跟一般的成见相反,情感本来就包含着道德的成分,对动物付出情感,当然有其道德的意涵。

让我们先想想什么叫作"爱"。我们都知道,爱一个人,除了把情感投注在他身上,需要他,想念他,你还得把他当成一个独立的生命看待；你必须尊重他的人生，尊重他的个性、需求以及愿望，不能去剥夺、压制他的愿望，或者对他的生活方式横加干涉；做不到这一点，你只能说是占有他、支配他、利用他，把他当成一个随你的意志去操纵、揉捏的对象，却不能说"爱"他。为什么呢？当然是因为所谓爱一个人，关键是爱他本人，爱他作为他自己；你得**从他的角度**，去认识和关心他的利益和幸福何在，不能只想着你自己的愿望或者利益。不错，由于他对你具有特殊的意义，在你的生命里面占有很重的分量，因此你会特别在乎他过得好还是不好，他过得好不好会影响到你自己过得好不好。但是所谓的好不好，需要**从他的角度**去认定，而不是由你来替他决定；也就是先得承认他是一个独立的生命，不能只想他是不是实现了你投注在他身上的愿望。这个道理，我们都明白。

那么动物呢？养过小动物的人都知道，这个道理对动物也是完全适用的。跟小动物一起生活，跟它在各方面的互动，点点滴滴都会提醒我们，对方是一个独立、完整的生命，有它的各种需求、各种生理机能和活动，有它敏感的情绪，身上更有容易受到伤害、惊吓的各种脆弱之处。动物生命的种种细节，跟人类的生命一样复杂，一样有血有肉、有快乐有痛苦。意识到了动物的这些特色，才是爱动物的出发点。从这里开始，你才能去思考如何照顾它们，如何给它们提供合适的关怀跟尊重。因此，疼爱身边的同伴动物，正可以让我们开始认识、思考动物带来的道德问题。

可是，并不是所有养动物的人都有这种反思的兴趣以及能力；很多人把宠物看成玩具，看成解闷或者炫耀的工具。这不足为奇，就像我们也经常会见到，父母、夫妻、情人表面上宣称"爱"，其实是在占有、支配、利用他所爱的对方，甚至演变成病态的关系。坦白说，我们往往曲解、误解了"喜欢"或者"爱"是什么意思，对人类如此，对动物更是如此。因此，喜欢动物正好是一个起点，让我们思考有关动物的各种道德问题。

三、不能说的真相，残缺的道德地图

然而话说回来，有福气、有能力去喜爱动物的人毕竟是少数。在今天的社会中，多数人跟动物是隔绝的，还有很多人根本接触不到动物。那么这些人就没有必要、没有理由去思考动物了吗？不要忘记，即使你并不喜欢动物，没有机会接触动物，你的生活里也早已经处处都是动物的碎片和遗迹：你每天吃的鸡蛋、牛奶还有肉类，都来自动物。事实是几乎每个人都在吃动物，其规模之大，手段之残酷，对动物造成的苦难和死亡之严重，不容你我假装自己跟动物没有关系。当然，你可以找各种理由为"吃动物"这件事辩解，但即使是辩解，你也需要先进入动物议题。

让我举几个数字，显示一下这个议题多么严肃。根据Faunalytics网参照联合国粮农组织统计数据库（FAOSTAT）整理出来的数据，在2020年中国大约宰杀了7亿只猪、0.4亿只牛、1.77亿只羊，以及92.9亿只鸡；美国在2020年则大约宰杀了1.3亿只猪、0.33亿只牛，以及93.5亿只鸡。这些数字，还不包括上亿上兆的鱼类以及其他水生动物。

这些天文数字，超过了一般人的想象，但是如果想到这些天文数字，是由一个个喉咙喷血的生命变成尸体所堆积而成的，我们又会怎么反应呢？我相信多数人根本无从反应。多数人吃肉，但是从来没有想过吃肉这件事所牵涉的残酷、杀戮、死亡等真相。事实上，吃肉是一套体制，包括育种、繁殖、饲养、运送、屠宰、包装、分销、烹饪等多个环节，其共同特点就是"隐藏"，特意不让消费者看到肉品的生产过程。结果我们虽然吃肉，却完全忘记了肉品背后被杀害的动物生命。

其实不谈吃肉，即使是鸡蛋跟牛奶，背后也有十分残酷的故事。超市货架上整排的鸡蛋哪来的？是蛋鸡生的。蛋鸡哪来的？是上一批鸡蛋孵出来的。但是蛋鸡都是母鸡，那么由鸡蛋孵出来的小公鸡哪儿去了？多数消费者不会想到，刚孵出来的毛茸茸的小鸡，经检查是雄性的，就会现场即刻被闷死或者绞碎，用作饲料或者肥料，因为不值得在它们身上浪费饲养的成本。根据一项报道，这个业界有一个"不能说的秘密"，即每年在全世界杀死40亿~60亿只刚孵化出来的小公鸡。一线希望是，2018年已经有德国公司在研发新技术，针对鸡蛋检验胚胎是否为雌性，然后直接淘汰雄性胚胎的蛋。此外，目前德国、法国以及瑞士也已经禁止用以前的方法淘汰小公鸡了。

再看牛奶，牛奶洁白香醇，大家都喜欢喝，但是牛奶怎么来的？请先忘掉广告上悠闲徜徉在碧绿草原上的乳牛。想想看，乳牛得靠人工强行授精，生下小牛，才会分泌乳汁，但是既然乳汁要供应给人类，小牛怎么办？事实是小牛自生下来之后，通常只在第一天能喝到母牛妈妈的奶，之后即刻被强迫跟母牛分开。接下来的日子里，它们都只能喝由奶粉冲泡的"代奶"，母牛的奶全部都得供给人类饮用。小母牛会被留下来作为未来的乳牛，小公牛则会很快被送去肉牛养殖场饲养。其中有一部分会被运送到专门的小肉牛饲养场，关进仅能容身的木头栅栏里不准它们行动，以免肉质变粗，同时只给它们吃不含铁质的专门饲料，故意让小牛贫血（这是为什么不能用铁质栅栏，甚至不能用铁钉，以免缺铁的小牛去舔食铁质），12~16周之后屠宰，才能生产出特别柔嫩的粉红色"小牛肉"。这种刻意伤害动物健康的生产方式，直到2007年以后，才在英国以及欧盟国家（2015）被立法禁止，在美国也开始逐渐被淘汰。

这些"故事"，只是整个动物产业的冰山一角，一般消费者很难知道。上面说过，今天动物的养殖、屠宰产业，必须把处理动物的过程隐藏在高墙后面，以免影响消费者的胃口，害得美食家和饕客们尴尬。但是真相不会消失，消费者也不能否认自己卷入了这个血腥的产业链。相反，之所以需要刻意隐藏，正好说明了大家其实心知肚明，高墙后面在进行的事情是不堪入目的。孟子说"君子远庖厨"，因为"见其生，不忍见其死；闻其声，不忍食其肉"。

但是不能让君子看到、听到的事情，难道是在道德上可以宽容，甚至享用的吗？隐藏，不是正好证明了那里有见不得人的丑恶跟残酷吗？

所以，单在饮食方面，我们也不能不思考应该如何看动物。我们分明知道动物是活生生的生命，每一只动物都对环境有所感知，都想躲开痛苦和惊吓，追求本能的满足跟身体的舒适。可是人类却为了满足自己的需求，给动物制造各种痛苦、恐惧、焦虑，用暴力把它们制服、屠宰，说到最后，动物难道不是人类良心上最不安也最虚伪的一块吗？

其实在人类的演化历史上，动物一直存在，也一直扮演着重要的角色。动物除了是蛋白质的重要来源，还提供了皮革、羊毛、羽绒，让人类穿着；作为劳动力供人类骑乘、拉车、负重、耕田、作战；动物一直是重要的药品来源，到了现代更成为科学实验的工具，人类的各种药物、化妆品、疫苗，都要使用大量的动物进行残酷、痛苦的实验，才敢被用到人类的身上。动物可以说是人类文明生活的必要条件，是其关键的构成部分。问题在于，人类使用动物的历史如此漫长，使用的程度如此广泛，使用的方式如此残酷，但是在人类的道德意识中，动物却一直没有位置。在人类的道德地图上,看不见动物的踪影。这不是一件很奇怪的事情吗?

四、如何思考动物?

总而言之,无论我们是爱动物、使用动物、杀动物、吃动物,还是虐待动物,好像都有必要思考一下,人类究竟应该如何对待动物?但是要从哪里开始思考呢?

这个问题,可以从两个方面来回答。我的一个基本想法是,人类的道德意识、道德感性并不是天生如此,从不变化的,而是逐渐演变而积累形成的,是有其历史的。因此,在第一个方面,我们需要先追溯人类对动物的看法在历史上是如何逐渐形成的。在西方,一种可以称为"人类中心主义"的意识形态支配了人们对动物的基本态度,至少已经两千多年。在人类中心主义看来,由于人类具有理性,或者由于神的特别眷顾,在宇宙之中居于核心的位置。世界围绕着人类运转,万物为了人类而存在;人类身为万物之灵,其价值和地位要高于自然界的众生,当然可以支配、使用动物。

由于人类中心主义作祟，几千年来人类任性地使用动物，虐待动物，把动物打入人间地狱，并不觉得这中间有什么不对。这个结果，对人类其实并不好。人类中心主义表面上抬高了人的地位，实际上鼓励了人性中的傲慢、残暴、麻木、自私，从而腐蚀了人性。在道德哲学的领域，由于人类中心主义在人类跟动物之间划分地位的高低，制造了不可跨越的鸿沟，各种崇高的道德价值、道德原则都只对人类适用，完全不能用到动物身上。结果动物被逐出了道德的领域，无法获得道德的保护。在这种成见之下，我们关于动物的思考注定扭曲变态，所谓的动物伦理，当然也无法存在。因此，回顾人类中心主义的来源，清理它的错误，是在今天思考动物问题时必须要考虑的。

第二个方面，既然人类中心主义把动物驱逐到道德的荒原上，否认动物拥有道德地位，我们关于动物的思考，就需要先重建动物的道德地位，证明道德没有理由不把动物纳入考量的范围。这件工作，正是动物伦理学在20世纪70年代的西方学术界出现以来，许多哲学家致力的方向，并且已经获得了可观的成果。怎么证明动物拥有道德地位？其实从来没有人怀疑过人类拥有道德地位，那么只要指出人类身上那些具有道德意义的特色在动物的身上也存在，就足以显示动物跟人类一样也具有完整的道德意义。这方面的思辨与论证，构成了当代动物伦理学的核心内容，下文会介绍几家在西方比较有影响力的理论，作为我们自己思考动物问题的资源。

话说回来，我并不认为动物伦理学只是理论的建构。多数人关心动物在人类手上所受到的伤害，为之不安、难过，甚至焦虑、愤怒，并不需要在理论上先证明动物具有可以跟人类相提并论的道德地位。很多人投身于动物保护，与其说是被道德理论所说服，不如说是发自内在的同情、怜悯之心，看到了动物的苦难于心不忍，对那些残暴血腥的行为义愤填膺。这种发自内心的道德感受，适用的对象反而不会受到局限，可以是在远方跟自己并没有关系的异邦异种的陌生人，可以是花草树木、生态环境，也可以是各种小动物、大动物。今天在这里共同关注动物的议题，思考动物引发的伦理困扰，足以显示了道德情感才是原始的驱动力量。我们的动物伦理学，不会也不能忽视这种内心的情感动力。

现在，让我们一起开始思考动物。在下一讲，我想借用当前心理学的一些研究成果，说明人类是如何看动物的。

第 2 讲

人类如何看动物：心理学的线索

上一讲提到，很多人对动物是有感觉的，并且通常是一种友善的正面情感。但是还有更多的人并不喜欢动物，通常会跟动物保持距离，包括身体的距离、心理的距离、社会的距离，甚至不能容忍动物出现在人类的生活圈里，总要设法将这些流浪动物、野生动物，以及害虫鼠辈驱离、捕杀、消灭。很多人害怕动物，很多人讨厌动物，更多的人只把动物看成工具或者资源，认为它们生来就是要为人类所用，使用的时候也许不应该采取过分残暴的手段，不过这并不代表动物具有任何地位，更不会认为人类需要从道德的角度去对待动物。当然，还有许多许多人生活中根本接触不到活生生的动物，动物从来就没有进入他们的脑海。

因此，在探讨人类跟动物有什么道德的关系之前，需要先了解一下人类究竟是通过什么样的心理机制去看动物的。毕竟，了解了人类看动物时的心理机制，才能知道动物伦理需要处理的人类态度是怎么产生的。在这方面，近年来兴起的道德心理学，正开始积累一些研究发现，多少提供了一些有趣的线索。不过需要说明，到目前为止，这个领域还处于起步阶段，通过实验在一些现象之间发现的关联还相当零散，虽可以作为线索，但还不足以帮助我们充分掌握人类面对动物时的心理机制。

一、几种看动物的心理机制

人类在漫长的演化历程中、在求生存以及适应环境的压力之下，形成了几种跟动物的关系，从而影响了至今人类看动物的心理机制。这种机制可以分成两类：一方面的警戒跟敌意，以及另一方面的接纳和友善。

1. 对抗与警戒

先谈警戒跟敌意。从远古的猿人阶段开始，人类跟其他动物包括其他的猿人,就处在一种猎食跟被猎食的关系之中。人类需要猎杀动物作为食物,同时也需要保命,避免自己被更凶猛的动物猎杀和吃掉。心理学家认为,这种关系镌刻在人类的知觉官能上,直到今天,即使是出生几天的婴儿,对动物的外形与动作的感知也要比对植物和其他物体的更为敏感。这很显然是演化过程中出于适应的需要而产生的结果。在猎食的需求与被猎食的威胁之下,人类必须尽早发现周遭的动物,以便采取必要的接近或是躲避的策略。猎食与被猎食,决定了人类跟动物处在一种对抗的关系之中。

动物对人类还有另一方面的威胁,那就是传染疾病。在对人类有害的病原体之中,属于人类跟动物共患的约占60%。而人类吃动物,包括它们的尸体残骸,也增加了感染疾病的风险。早期的人类当然并不了解动物是通过什么机制传染疾病的,不过与动物保持距离,不要太亲近,显然有利于人类的生存。在此之外,对尸体、排泄物等传染媒介保持警戒,促使人类发展出"恶心"这种情绪和生理的双重反应,显然也有其演化上的功能。

简单说,对抗以及警戒、提防,这种种敌视的态度,构成了人类看动物的一个基本角度。

2. 驯化与亲密

但是人类除了需要提防动物,把它们视为威胁,却又离不开动物,必须跟它们形成比较正面的关系。人类进入农耕阶段之后,开始饲养家畜,把它们当作稳定的食物与劳动力的来源。猫狗也进入人类社群,成为同伴动物。无论是家畜还是同伴动物,都需要照料,甚至跟人类产生情感上的互动,这代表人类跟动物的关系变得更为复杂,看动物的方式,也势必包含着友善的一面。

人类开始饲养同伴动物,很可能是出于现实的需要,但根据研究,把某些动物当成宠物,也就是在功能性之外尚有情感的一面,跟演化过程中所谓的"幼态延续"(neoteny)现象很有关系。这个词本来的意思是说,动物如果维持幼儿时期的某些特征,会获得比较多的照顾,对它们的生存有利,所以有其演化上的意义。尤其就人类跟宠物的关系来说,猫狗等动物的脸部往往呈现婴儿的特征,例如眼睛大而圆,耳朵、鼻子、嘴巴分明,嘴角上扬像是在微笑,表情跟头部的姿势像是在回应人类,身形、动作也符合人类的"可爱"标准,特别容易激发人类对它们保护、照料的欲望。这种关联,在人类对动物的正面看法上发挥了一些作用。

除此以外，人类"拟人化"的思考习惯，在塑造人类对动物的正面看法时发挥了非常重要的功能。拟人化是人类的一种本能，就是必须把人类的生命模式投射到外在的对象，通过自己熟悉的角度，才能了解各种事物以及现象。在巫术和各种宗教中，以及当人们想要理解跟影响自然界的现象时，通常会对自然界的物体以及力量加以拟人化。古希腊和古罗马神话里的天神，都具备人类的完整形象跟性格；民间信仰里的雷公、电母、山神、树神、河神，一直到瘟神，也都是拟人化的产物。就动物而言，人类根据狩猎的需要，会设想动物跟人类一样思考跟行动，这样人类便可以预测动物的移动路线以及行为，有利于捕获猎物。但拟人化也把一些人类的特质投射到动物身上，从而拉近人类与动物的距离，让人类跟动物生活在同一个意义空间之中，甚至可以产生情感的互动，让某些动物成为家庭的亲密成员。

人类虽然逐渐跟动物发展出密切的共存关系，不把动物完全当成具体的威胁，甚至承认动物拥有一些优点和长处，值得利用，但是人类仍然需要强调动物的地位低于他们。事实上，人类一方面要将动物拟人化，另一方面又必须拿动物当作负面的对照组，来跟自己对比，才能想象和界定什么是"人";结果,通常所谓人类的特质,正是那些人类所独有而动物缺乏的。在这个意义上,只有动物能成为人类的镜子,让人类看到自己;人类绝对不需要借用植物来界定自己。所以人类一向认为,理性、语言能力、自我意识等人类独有的特色构成了人类的本质所在,人性所在。相对之下,动物由于缺乏这些能力,就被看成低于人类。这个观点主导了西方两千多年来的思想发展,构成了"人类中心主义"。这种抬高人类、贬低动物的态度,在哲学以及伦理上的影响既深又远,结果之一就是人类的道德观念一直拒绝把动物纳入考量。这个问题,之后会再细谈。我们先简单看一下心理学如何解释这种态度的来由。

二、惧怕死亡,就要贬低动物?

人类为什么要贬低动物呢?最简单、最直接的答案就是:人类惧怕死亡。

1. 管控死亡的阴影:人是万物之灵

演化心理学里面有一种"恐怖管控理论"。这种理论认为，由于人类知道自己必然死亡，对死亡的恐惧会造成强烈的困扰。为了对抗这种恐惧，人类会向往"不朽"，无论是宗教信仰、文化理想、民族认同，还是其他的伟大事物、崇高价值，只要能够超越个人的有限生命，提供某种"不朽"的象征或者想象，都可以给人类提供心理上的屏障，有助于减轻死亡造成的恐惧。在这方面，某种人本主义，也就是认为人类在万物之间居于独一的、崇高的地位的想法，也有类似效果。所谓人为万物之灵，强调人类的独特与伟大，正好可以降低死亡意识所带来的心理威胁。从这个角度来看，人类一直想要贬抑动物，认为动物低于人类，人类比动物来得崇高，其动机就容易理解了：我们需要动物作为垫脚石，把自己抬得高一点，借以拉开跟死亡的距离。

　　一些心理学的实验发现，人类经常把动物跟死亡联想在一起。表面上看这并没有什么道理。但是动物毕竟没有灵性，只有肉体，肉体必死，所以动物跟死亡只有咫尺之隔；此外，作为病原体的媒介，动物也让人联想到死亡。那么把死亡跟动物绑在一起，把死亡联结到动物的肉体上，然后强调人类跟动物界限分明，虽然跟动物一样活在肉体之中，但只要想到人类拥有灵魂、心智、理性，可以超越动物性肉体的生老病死之上,可以联结到"不朽",就显然有助于减轻死亡带给我们的恐惧与焦虑。

2. 人类中心主义

那么要如何在人类与动物之间划清界限呢?最现成、常用的一个标准,就是各种心智方面的能力,包括感觉、认知以及情绪的感应程度。当然,用心智能力作为排列道德地位高低的标准,本来就是一种以人类为"万物尺度"的人类中心标准,因为动物在这些方面原本就不可能跟人类并驾齐驱。不过一般的想法仍然认为,心智能力是人性的特征;那些心智能力较高的动物,也就是能够感知痛苦,具有恐惧、高兴、生气、寂寞等情绪的动物,跟人类相像的地方更多,地位也就更高,需要人类更好地对待。

但是人类怎么认定动物的心智能力呢?心理学的一些研究发现,人类愿意赋予什么动物什么样的心智能力,往往被人类自我中心的成见所影响。

不难想象,动物的外观包括行为以及体形,会影响人类对它们的评价。猿猴以及哺乳类动物,与人类相近的特点比较多,人类自然会想象它们具有较高的心智能力。实验也显示,跟人类在行为、生态、身体结构上接近的动物,比较受到人类的喜欢。流浪动物收容所里的狗,如果脸部表情看起来像是人的微笑,眼睛大而且间距宽,被领养的机会就比较大。在动物园里,游客最喜欢的、停留观看时间最久的,首推灵长类以及哺乳类,至于爬虫类、啮齿类以及昆虫类则最不受欢迎。一项跨国的心理学调查,要求受测者估计一些动物在感受痛苦、喜悦、恐惧、厌倦等心智能力上跟正常成年人的差异程度,结果发现大家普遍认为,猴子、狗、人类婴儿的感知能力最高,可以达到成年人的80%,鸡跟老鼠是人类的60%,鱼类则只达到人类的47%。另一项类似的跨国研究发现,在受测者的心目中,黑猩猩、人类婴儿的感知能力被认为最高,鸡、章鱼以及鱼类被视为最低,牛、羊以及猪的排序则在中间。这些观感上的差异,显然反映了人类愿意赋予这些动物什么样的道德地位,结果心智能力高的动物所受到的保护也比较多。但心智能力的排位,最后要取决于动物跟人类在外观上相近的程度。

3. 动物的心智与能不能吃

心理学家另外还注意到一种现象,人类愿意赋予动物多少心智能力,跟自己如何使用动物——特别是吃肉——

很有关系。一些研究发现,在人类的眼里,动物的心智能力跟这种动物能不能吃,有一定的相关性。

举例而言,有一项实验要求受测者给不同的动物做心智能力排序,另外还询问受测者愿不愿意吃这些动物,想到吃它们会不会觉得恶心。结果发现,如果直接先问愿不愿意吃,愿意吃的意愿会比较高,可是如果先做心智能力排序,然后再问食用的意愿,那么吃的意愿就降低了。换言之,如果先诱导受测者想到了动物具有心智能力,受测者吃它们的欲望就会降低。

一般而言,一种动物被赋予的心智能力越高,人类吃它们的意愿就会越低。有研究发现,素食者赋予动物的心智能力,要比杂食者来得高。但反过来,也有实验显示,一种动物如果在分类上被列为可食用动物,那么人类也倾向于低估这种动物的心智能力。事实上,吃肉的人一般会赋予动物比较低的心智能力。

在这里,我们必须谈一下"吃动物"这件事所牵涉的心理困扰。其实每个人都知道,自己吃的动物具有一定程度的心智能力,至少能够感觉到痛苦;大家也都会承认,给动物造成不必要的痛苦是不对的。这时候,你如果不吃肉,这两个想法就可以和平共存,甚至相互搭配,得出"不应该吃肉"的道德结论。后面我们会见到，这正是效益主义（一般称为功利主义）动物伦理学的论证步骤。但是如果你吃肉，就比较麻烦了。这两个想法会产生对立，形成一种尴尬的局面，无形中批评了你的吃肉习惯。可是放弃吃肉是很难的：你得挑战自己习惯的饮食文化以及外围的社会习俗，代价是很高的。

问题出在哪里呢？出在吃肉会让这两个想法发生冲突。在心理学里面，这个现象被称为"认知失调"：两个想法之间的冲突，令当事人进入不舒服的紧张状态。这时候，最自然的做法就是放弃其中一个想法，不要让这两个想法形成夹击的态势。

于是有些人会放弃第一个想法，不承认动物具有心智能力。这是为什么吃肉的人通常会否定动物具有心灵：像上面所引述的实验那样，为了方便吃肉，吃肉的人可以调整自己的观念，主张动物的心智能力很低，并不会感觉到痛苦。但也经常有人选择另外一条路，也就是放弃上述的第二个想法，认为动物的痛苦并不重要，可以不要理会，因此吃肉并没有什么不对。

为吃肉做辩护，常见的说法很多，有一位心理学家把它们归纳为所谓的"四个N"：Necessary，必要，为了健康跟体力，人类需要吃肉；Natural，自然，吃肉是人类天生的习惯，从远古时代人类就开始吃肉了；Normal，正常，大家都吃肉，不吃肉是社会的少数；Nice，美味，肉类食物本来就好吃。研究发现，肉食者如果接受这些说法，心里的罪恶感会减轻。这些说法是否成立，是另外一个问题，但是用来将吃肉合理化，确实有助于消除吃肉所引发的认知失调，减少吃肉造成的心理压力。

三、总结

话说回来，心理学家一直到非常晚近的时期才开始研究人类如何看动物，所获得的成果还相当零散，无法整理出一幅完整、系统的图像。不过大致上可以看出，人类必须跟动物生活在一起，所以需要拉近跟动物的距离，但是人类又倾向于以自己为中心，认为人类是万物之灵，所以需要维系人类跟动物的界限，贬低动物的地位。特别重要的是，人类需要使用动物，尤其是当作食物。这些现实的需求，在很大的程度上影响了人类对动物的看法。你可以说，人类注定要从自己的角度去看动物，这包括将其拟人化，也包括从自私的需求、欲望去界定动物的地位。这些心理上的机制，都不利于从道德角度去思考动物。

但是尽管人类常常会惧怕、嫌恶动物，会只顾自己的需要去滥用动物，但是不要忘记，人类是一种道德动物，非常在乎自己能不能算是一个"道德人"，会担心自己作为一个人是不是表现了足够的道德质量。人类一般会避免任意地伤害动物，不见得是因为真的在乎动物，而是因为自己会感到不舒服，觉得心里不安。这也是一种强大的心理学事实，跟上面所描述的各种负面看动物的心理因素一样真实。平常我们会用"良心"之类的字眼来形容这种正面的道德力量，而它有点难以捉摸。但其实这正是道德心理学的一个核心议题：我怎么界定自己，我希望自己成为什么样的人。这本身就是一个迫切的道德问题，也是一种真实的道德动力，昔日称之为"良心"，今天可以称之为追寻和确认"道德自我"。这种心理机制，在人类思考关于动物的伦理问题时，扮演着很重要的角色。在本书后面，我会从这个角度建立我心目中的动物伦理。

第3讲
人类中心主义的起源

在上一讲，我们谈到了一个重要的观念"人类中心主义"。这是动物伦理必须要克服的首要问题。人类一方面要跟动物发展出紧密的共存关系，另一方面却需要与动物维持绝对的距离，不能模糊了人类跟动物的界限；一方面不能不承认，动物跟人类有许多相似之处，另一方面仍要强调，人类拥有一些独特的、更高明的能力，地位要比动物高，所以有权利支配和使用动物。人类与动物的这种层级关系，导致了人类中心主义：人类的地位高于动物，人类可以从自己的角度去界定、想象动物，根据自己的需求使用动物。人类居于主位，动物则是由人类来观看与界定的客体、对象；在人类的想象中，动物为了人类而不是为了它们自己而存在。

一、人类世

谈到人类跟动物的关系，人类中心主义称得上是最基础、最核心，也最强大的一种意识形态。当然，在一个非常真实而不可否认的意义上，我们根本不可能摆脱用人类的眼光去看世界。人类的生理构造、认知结构、生命周期，尤其是生活中的许多需求，都是人类这个物种已经给定的先天条件，这些条件决定了我们的一切经验都只能从人类的角度出发，人类的眼光和需求决定了我们如何去跟环境、跟世界打交道。我们注定不可能跳出人类的生命框架，从某一种"不是人的"角度——例如神的角度、火星人的角度，或者一只蜻蜓、一只海豹的角度——去张望世界，除非你先把神、火星人、蜻蜓、海豹"拟人化"，也就是想象成人。毕竟拟人化原本也正是人类中心主义的一种表现。在有意无意之间，我们会要求这个世界一定要按照人类的规格呈现。你可以说，以人类为中心观看万物，界定世界，本来就是不可避免之事。

其实人类中心主义并不只局限在人类跟动物的关系上。人类跟整个地球的关系，都可以用"人类中心"来形容。这并不是夸大其词。二十多年前荷兰科学家克鲁岑创造了"人类世"(Anthropocene)这个概念,来形容人类中心主义的全盘胜利。他认为,从18世纪工业革命以来,人类近三百年的活动积累下来,对地球、气候以及整个生态系统造成了巨大的冲击,构成了一个新的地质年代,足以结束此前历时一万余年的全新世,而进入人类世。在人类世,人类凭借着庞大的人口数量、优势的头脑,以及强大的科技能力,从自己的角度、以自己为中心改造地球,结果就是城市、农村、天空、大地、气候、物产,乃至于物种的存续与灭绝,动物和植物的品种跟生长方式,都被人类所改变,是按照人类的需求所"订制"的。人类世的降临,一方面说明了人类的能力足以参与造化,改造大自然;另一方面也证明了人类中心主义不只是一种主观的心理态度,而且是现阶段地球历史的"官方"意识形态。"人类主宰一切"界定了地球在这个时代的现况。

话说回来,人类中心主义即使不可避免,但是其中所表现的自大与狂妄,不能不令我们有所警惕。绝对的权力包含着绝对的责任;人类对地球施展强大而绝对的掌控,就不能不承受自己的行动所带来的后果。什么后果?今天大家都警觉到,任由人类支配地球、任性地改造世界,带来的灾难已经不可收拾。气候变暖、环境污染、物种灭绝,乃至于病毒猖獗,都是人类自作自受的后果。这时候,不能不检讨一下人类中心主义也许无可躲避,但是否也应该受到一些道德的以及利害考量的节制?

在这里,我们有必要区分两种人类中心主义。不错,我们只能从人类的角度去认知、了解世界,所以在**认识论意义上的人类中心**,就人类而言有其道理,就像各种动物也只能从以自己物种为中心的视角去认知世界。可是从认识论意义上的人类中心,转化成评价意义上的人类中心——认为人类的价值高于其他生命,让人类凌驾于一切,主宰万物——就注定带来严重的灾难。这也是我们的道德思考亟待检讨的一种人类中心主义。

就动物来说,人类中心主义带来了铺天盖地的浩劫。狗进入人类的生活已经一万多年,被称为人类最好的朋友,但是实际上人类认为自己主宰着狗的命运。为了配合人类的需求以及审美眼光,我们通过各种训练以及育种繁殖的手段,控制甚至改变了狗的习性、行为、身形、外貌、生理结构,甚至带给它们各种先天性的疾病。至于猪、牛、鸡等经济动物,更是人类中心主义最大的牺牲品。为了满足人类的食物需求以及产业的利润考量,这些动物几乎变成了生产肉类、牛奶、鸡蛋的机器,原本的生理结构、生命周期、繁殖生育、行为模式都被操纵、改变。它们的生命本身没有意义，只是为了人类而生，它们被允许的短暂生命在人类的控制之下苟活，最后死在人类的餐桌上。

很显然，只要人类认为自己盘踞在宇宙的中心，动物为了人类而存在，它们的命运由人类来支配控制，人类可以随需要而尽情使用，我们就不可能承认动物的生命属于它们自己，不可能从它们的角度去考虑它们的利益，不可能为其提供基本的尊重和保障。因此，动物伦理的核心课题，正是从道德的角度去检讨、拆解评价意义上的人类中心主义，把动物的生命还给它们自己。

二、人类中心意识形态的基础

上文我们谈到人类中心主义的心理背景。根据一些心理学家的研究，人类为了克服对死亡的恐惧，需要抬高人类，特别是强调人类为万物之灵，凭其高超的智力君临动物。你可以说，人类把自己摆在宇宙中心的位置，是为了安抚心中的恐惧与焦虑，动物只是顺便被当作垫脚石，虽然动物为此要付出极大的代价。

不过人类中心主义并不只是心灵的安慰剂而已。它能够成为一种强大的意识形态笼罩全人类，超过了任何宗教或者政治的势力，反而穿透了各种宗教信仰和政治意识形态，塑造了宗教教义和意识形态的价值观，首先要靠明确、具体的**物质基础**，那就是人类的生产方式和生活方式的改变，把动物变成了重要的经济资源。既然在物质层面需要频繁、大量地使用动物，包括当成日常的食物，在观念上自然会认定动物是为了人类而活的。

其次，人类中心主义还需要思想上的经营。它需要一种人性论，足以证明人类与动物不同，比动物优越。希腊哲学视理性为人类的特征，认为理性的生命比一般生物单纯肉体的生命更有价值，从而说明人类的地位高于动物。基督教的"神创造世界"的故事，借着神的权威，奠定了人类的中心地位。人类中心主义能渗入日常具体生活的实践之中，并且弥漫在我们的思想、文化的每一个角落，这个过程是在物质领域与思想领域逐渐完成的。

首先，我们来看物质基础。

回顾远古时代，人类靠渔猎采集为生，虽然需要跟动物搏斗，但并不拥有动物。由于动物可以逃跑、抵抗，甚至反过来伤害人类，动物跟人类处于一种平等的竞争关系之中，人类并不拥有显著的优势，也就不可能特别强调自己比动物优越。相反，人类对动物的特性，往往给予正面的评价；动物会受到人类的尊敬、模仿、崇拜。人类与动物当然有差别，不过人类跟动物之间的界限在许多情况之下可以被跨越，动物可以转为人形，人类可以转世为动物，不少部落声称自己的始祖是某种动物，或者把某种动物视为保护神。换言之，人类虽然会设法猎杀动物、吃穿动物，但是他们跟动物并没有上下从属的关系，人类与动物的界限并不是铜墙铁壁，截然不可跨越；相反，人类、动物乃至于神灵，相互之间仍然保留着某种精神层面的相通，这种情形在各种神话、巫术以及图腾信仰中都可以见到。

进入农业社会之后，人类跟自然界包括动物的关系发生了重大变化。在狩猎采集的生活方式中，动植物乃至于整个大自然毕竟是自然生长、运作的，并不听命于人类；人类跟动物、植物的关系是一种接近平等的"互动"。但在农业社会的生产方式之下，人类开始驯化、控制动物以及各种农作物，甚至开辟山林，整治河川，于是跟自然界的关系也就变成了上对下的"支配"。从互动到支配，代表人类对自然界的整套看法都有了改变。在农业人看来，动物以及其他农作物，必须按照人类的需要去加以驯服，以便利用；人类是支配者，动物与植物受其支配，是其私有财产。从此动物失去了主体地位。人类认为自己高于动物，与动物分属两个层级、两个世界，两者之间界限严明，不可跨越。可以说，农业人正是人类中心主义最早的，也是天生的实践者。

三、宗教与哲学的傲慢

这种人类与动物截然分隔、断裂，人类居于中心，从人类的角度支配动物，把动物看成资源或者工具的观点，被古希腊哲学以及希伯来-基督教纳入它们的经典，加以系统化，变成了精密、复杂的教义跟哲学理论。希腊哲学和基督教，呼应了农业人在物质层面的实践，可以称为人类中心主义的理论家。他们所发展出来的思想体系，奠定了两千多年来西方的人类中心主义哲学与伦理观。

说来有趣，基督教要求人类谦卑，可是它对动物的看法却傲慢至极，是典型的人类中心主义。根据《圣经》所记，人类是按照神的形象所造，位在一神之下、万物之上。其地位在万物之中是独特、唯一的，万物皆为了人类而存在。《旧约·创世记》的说法是：神按照自己的形象造人，规定了人类统治动物。在伊甸园里，亚当、夏娃的食物并不包括动物，但是被逐出伊甸园之后，神就将所有地上的、空中的、水里的生命都交给人类，听人使用，作为食物。不错，这里所谓"统治"包含着"监护"的意思，神把万物交给人类管理，并不容许滥用；但是基本上，基督教明确认定了动物从属于人类，是人类的资源和工具。因此，美国学者林恩·怀特曾经指出，基督教乃是世界各种宗教之中最为人类中心的一种宗教。可是基督教这种关于人类与动物关系的观点，却逐渐扩散，成为教徒以及非教徒都普遍持有的想法。

不过人类中心主义在哲学上的奠基者，应该首推古希腊哲学家亚里士多德，他用"理性"划清了人类跟动物的界限。亚里士多德把生命分为植物、动物以及人类三大类。植物只能吸取养分、生长、繁殖；动物比植物多了知觉以及判断外在世界的能力；人类则又比动物多了理性的能力。理性让人类跳出经验的限制，能够思考、规划、选择如何生活，从而按照自己认定的方式安排人生。在宇宙万物之间，只有人类具备理性，也只有人类可以借着理性超越肉体的限制，跟其他物种截然有别。

理性让人类居于最高的地位。

自亚里士多德之后的两千多年以来，虽然经过达尔文的物种进化论的挑战，今天多数人仍然接受这种以理性为根据的人类中心主义：人类和动物的区别在于理性，人类的优越、支配地位是绝对的，动物生命不具有独立的道德意义也是绝对的。因此我们不能不问，即使"理性"是人类独有的特征，也是人性之中值得珍惜的能力，但是为什么它有资格在各种生命之间划分价值的高下、地位的高低？

四、借理性摆脱肉体与死亡

英国历史学家基思·托马斯在他的《人类与自然世界》一书中指出，西方思想家一直想找到人类某种独一无二的特征，以便跟动物有所区别。历代思想家举出来的人类特征包括人类有理性、会笑、会使用工具、会信仰宗教、会烹调食物；即使承认人类是动物，也是无毛的两足动物、持有意见的动物、会使用棍棒的动物。16世纪的马丁·路德跟19世纪的罗马教皇利奥十三世，都认为人类跟动物的差别在于，只有人类才实行私有财产制度。托马斯提出了一个有趣的观察：人类这么着迷于跟动物的区别，真正的目的其实是借此鼓吹某种理想的人类形象。对于托马斯的这个说法，我想到了一个难登大雅之堂的证据：据说自然界中会面对面性交的灵长类动物只有人类和巴诺布猿（bonobo，倭黑猩猩），好玩的是，以前的西方人虽然没有听说过巴诺布猿，却从来没有哪一位思想家强调，人类的特色是能够面对面做爱，原因很容易想象——这个特色停留在肉体的层次，并不能替人类建立崇高伟大的形象。

因此，为了了解人类为什么这么着迷于自己拥有理性，我们应该问问人类赋予"理性"什么特殊的意义。

古希腊哲学的语境，提供了一个线索。早在柏拉图关于苏格拉底之死的对话录中，苏格拉底就多次强调，哲学家不怕死亡，"做哲学的目的之一就是练习死亡"，死亡的好处是让我们摆脱肉体的羁绊，剩下纯粹的理性，才能追求真正的真理，不再被肉体的种种欲望、恐惧、感官幻觉所干扰。换言之，古希腊哲学认为理性才是真正的人格所在，肉体只是外在的躯壳、暂时的栖身之所。死亡之后摆脱了这具躯壳的拖累，剩下纯粹的理性，人类才能进入更为真实、高级的生命。

从这里可以看出，人类高举理性，最初的原因是厌恶、畏惧自己的肉体，希望能够摆脱肉体，实现完全理性的自我，也就是真正符合完美人类形象的理想人性。

你觉得这个想法奇怪吗？其实并不奇怪。肉体虽然是人类生命的本体，却也是最大的负担；肉体汇集了人类的各种脆弱之处，也是人类跟动物完全相同的部分。没有肉体，我们就不会生病、衰老、死亡；摆脱肉体，我们就不会耽溺在各种饮食需求跟生理欲望的纠缠之中，一辈子无法脱身；没有肉体，我们就不用为了自己的排泄物、分泌的体液、性交的姿势、裸体的模样感到恶心或者羞耻，而必须设法隐藏遮盖。总之，若是没有肉体，我们就不会看到自己处处都跟动物一个模样，做同样的事情，受同样的外力支配，一样吃喝拉撒，一样生老病死，毫无万物之灵的尊严与高贵可言。幸好人类除了肉体，还拥有理性。如果摆脱了肉体，剩下的理性像水晶一般清澈、冷峻、金刚不坏，人类不就也摆脱了肉体带来的各种脆弱、各种丑态、各种动物特征，终于获得高贵、永恒的生命了吗？这是古希腊哲学赋予理性的关键意义，也是此后一切心物二元论、灵魂肉体二元论在人类思想史上历久不衰的潜意识动力。

人类为什么高举理性，强调人类因理性而居于宇宙的中心，可以鄙视动物、支配动物，在这里找到了解答。那是因为人类无法忍受自己的肉体，向往一种逃离肉身的不死境界。这种心情说起来有点可笑，也有点可怜，但是这种心情所产生的实际后果却是动物的浩劫。无论是希腊哲人以理性为名所建立的人类优越论，还是基督教以神的旨意为名所建立的人类中心论，共同的效应就是巩固了人类对动物的支配地位。从此，动物的生命失去了本身的意义和价值，动物只剩下对人类的工具价值。也因此，如果想要重建人类与动物的道德关系，我们需要先克服这种建立在"理性"之上的人类中心主义。

第 4 讲

动物伦理学的来时路

要追溯动物伦理学的来时路,就要回顾人类跟动物关系的历史,以及这一页历史所孕育出来的道德意识。

上一讲我们谈到,进入农业社会的生产方式之后,动物在人类眼中失去了独立性,被人类饲养、驯服,成为供人类使用的资源和工具。从此以后,在现实层面,人类成为动物的支配者。我们也说到,在思想的层面出现了与此相呼应的人类中心意识形态。古希腊哲学将人界定为具有理性的动物,地位在自然界之上,其他动物以及植物由于缺乏理性能力,沦为次等的生命,专供人类使用。换言之,古希腊哲学独尊理性,巩固了人类的主宰地位,以人类为中心的世界观由此形成。另外,在宗教信仰的层面,基督教抬高人类，主张人类乃神按照自己的形象所造，神所创造的其他万物都臣服于人类，进一步为人类中心主义提供了宗教的权威。

在古希腊哲学与基督教这两个源头的影响之下，其后两千多年的西方世界里，人类中心主义笼罩了关于动物的伦理思考，对待动物的态度是高度不友善的。那么在人类中心的前提之下，思想家如何描述动物的道德地位呢？在此，我们当然无法完整地叙述西方的动物思想史，不过总的来说，西方哲学关于动物的道德地位的基本想法都倾向于否定，其间大致可以分出"绝对否定论"跟"相对否定论"两大类。

一、否定动物的道德地位

绝对否定论是一种极端的观点，直接认定动物没有任何道德地位，如何对待动物并不构成道德问题。主张这种想法的思想家不多，哲学家笛卡尔是代表人物之一。

相对否定论也否认动物具有道德意义，不过跟绝对否定论不同。这种观点主张，虽然人类对动物本身不可能负有**直接**的道德义务，但是由于我们对待动物的方式会牵涉其他人，那么由于我们对其他人有道德义务，所以我们对动物也会负有一些**间接**的义务。

无论是绝对还是相对，这两种否定论都否认动物本身有资格获得道德的考量与对待。在这种情况之下，动物伦理学几乎没有存在的可能。这两种否定论的基础是一样的：动物不具有理性，而理性乃是获得道德地位的唯一依据，所以动物不能进入道德的领域。这种看法显然是一种过于狭窄、偏颇的道德观。但是从这里可以看出，问题出在人类对"道德"的理解上：道德当然仰仗理性，需要理性的引导，但是不能用理性垄断了道德关怀跟保护的门槛；只有扭转人类的道德观，让并不具有理性的动物也能进入道德的范围，才有动物伦理学存身的余地。

事实上，在18世纪前后，有一些思想家开始呼吁道德不能只关注理性思考的能力，却忽视感觉层面的痛苦跟快乐，特别是疼痛的感觉。把痛苦当成道德问题，今天听起来是常识，但实际上却是历史发展的结果，我认为这是一种道德观的革命。正是18世纪之后西方道德观的改变，将道德关怀的门槛从理性扩展到肉体的感知，动物伦理学才能诞生。这一页历史，值得在此回顾一下。

二、绝对否定与相对否定

让我们从相对否定论开始谈。4世纪的奥古斯丁与13世纪的阿奎那,糅合了古希腊哲学和基督教的人类中心主义。他们关于动物的道德地位的观点,堪称相对否定论的典型。首先,他们都强调万物之间存在着等级秩序,人类独具理性,能够思考跟追求超越的理想,因此居于万物的顶端,动物与植物皆供他们使用。其次,既然动物应该接受人类的支配与使用,那么宰杀动物供食用,在道德上并不构成问题。再次,人类对动物本身虽然可以为所欲为,不直接对动物负有任何道德义务,但是如果动物有主人,那么因为我们有直接的义务去尊重其主人的财产权,所以对有主人的动物有一种间接的义务。最后,动物能够感知痛苦,动物受苦自然会引起人类的怜悯之心,不过这种怜悯之所以是一种美德,值得鼓励,是因为它有助于培养我们对人类的怜悯心,至于对动物本身的怜悯,并不算是一种道德义务。

在这里需要注意,虽然奥古斯丁跟阿奎那都属于典型的人类中心主义者,但是他们至少承认动物能够感知痛苦,甚至能引起人类的怜悯与同情;他们只是认为动物的痛苦并没有道德意义，不会给人类带来道德的要求。但是到了近代，随着科学宇宙观的兴起，机械论开始流行，就有一些思想家连动物的痛苦也要否认。一个极端的例子是17世纪的笛卡尔。他的哲学是一种绝对的心物二元论：一方面，他提出"我思故我在"，"我"的存在由心灵活动与自我意识构成，它寄居在身体里，但并不附属于身体；另一方面，身体以及其他物体，都被简化成物质或者机械的运作，人类的肉体也不例外。

就人类而言，幸好人类在肉体之外还拥有心智，所以人类不能被简化成机器。至于动物，那就惨了。由于笛卡尔认为动物根本没有灵魂，所以动物只是一部构造精巧的机器，外表看起来像是有各种感觉，对刺激能够有反应，受到刀割或者烙铁炙烫的时候会嚎叫与奋力挣扎，但是这并不代表它们有什么感觉，而只是动物身体内部器官的机械运作。就像一部机器可以侦测到外界的敲打而有反应，但是你不能说机器"感觉"到了这些敲打；同样的道理，动物可以"侦测"到外来的刺激，不过这并不代表它们有感觉。在笛卡尔眼里，动物不仅没有理性，连感知疼痛的能力都被剥夺了。动物被完全、彻底地物化，跟石头、木头一样，不可能获得道德上的位置。

笛卡尔的这种想法，对动物的道德地位是一种绝对的否定。多数思想家不会像他那么粗暴，连动物感知疼痛的能力都要剥夺。多数人宁可选择相对的否定，像上述的阿奎那一样，虽然否认动物本身具有道德地位，仍然从两个角度承认动物可以经由人类获得间接的道德意义。一个角度，是把动物看成人类的私有财产，主张人类对动物本身虽然并没有直接的道德义务，不过由于必须尊重动物主人的财产权，所以对属于他的动物仍有间接的义务，不能伤害它们。另外一个角度，关心的是虐待动物会败坏人性：我们不应该虐待动物，理由并不是出于对动物本身的关怀爱护，而是因为对动物残暴的人也会对身边的人残暴，怜悯动物的人则会对人类更有同情心，所以我们有间接的理由禁止虐待动物。18世纪的哲学家康德，便是这种"间接义务论"的代表。

三、时代的限制

坦白说，无论是绝对否定论还是相对否定论，都让人感觉有一些强词夺理的成分。一口咬定动物不能感知疼痛，固然是偏执到了荒唐的程度，认为动物的痛苦本身并不值得重视，就只能说是人类中心主义的成见在作祟了。有时候你会纳闷，几千年来那么多了不起的思想家，居然没有办法把动物的痛苦看成正当、合理的道德关怀对象，不是一件非常奇怪的事吗？问题出在哪里呢？简单的回答是：时代的限制。

我们知道，人类的道德观念跟道德方面的意识，是在历史中逐渐变化、发展的。所以不同时代、不同社会的人，对是非善恶的感觉跟判断会不太一样。有些人因此采取道德相对主义的立场，认为不同时代、不同社会的道德观念彼此之间只有不同，并没有对错高下可言。我认为这是错误的。我宁可说，人类的道德有发展与进步可言，所以会有不同。但只要从恰当的角度来观察、对照，便会发现所谓的"不同"是一种演进，在某些方面，人们的道德观逐渐变得更为包容、宽厚，我们有理由说这就是进步。不错，"道德进步"是一个充满争议的说法，但是我却舍不得放弃"道德进步"这个可贵的愿望，至少就人类跟动物的关系来看，我认为人类对待动物的态度在逐渐进步之中。这个问题，本书最后我们还会再讨论。无论如何，那么多伟大的思想家居然会认定动物的痛苦没有道德意义，对此最简单的解释就是，他们生活在一种对痛苦不够敏感的氛围之中，他们的道德感性受到时代的限制。但是随着道德意识的演进，新的一个时代的人们会逐渐地、缓慢地开始有能力把痛苦当成重大、迫切的道德问题来看待。对这个问题相关的精彩著作很多，无法在此详细叙述。我们只能最简略地描述一下从前的情况，并跟后来的情况对比，你就会看出人类的道德观是有进步可言的。

在西方历史上，虐待动物是司空见惯的事情。不谈日常的"正常"使用动物，例如宰杀动物供食用，用动物拉车、耕田，用动物作为交通工具、战争工具等。这类功能性的使用已经涉及大量的残酷暴力。但是在此之外，人类还一直用动物进行各种血腥游戏，也就是把虐待、残杀动物当成消遣和玩乐。以前欧洲人的血腥游戏有多么残忍，我们今天已经不容易想象了。

古罗马竞技场内，成千上万的从远方运来的各种大型野兽在相互厮杀或者跟格斗士(gladiator)搏斗，皇帝、贵族与平民坐在看台上观赏欢呼，留下罗马人"特别残忍"的恶名。近代西方贵族围猎狐狸，平民阶层斗熊、斗狗、斗鸡、斗牛，都是以残酷伤害动物为乐的例证。18世纪的英国人会比赛谁能一口咬下活鸡的头，也会付钱围观一只熊被铁链绑住，然后放出一群狗去攻击撕咬，历时几天几夜，直到狗跟熊都死伤惨重。贵族会骑着马指挥一大群猎犬，追逐一只狐狸，直到它精疲力竭被狗撕裂。英国画家威廉·霍加斯（William Hogarth）创作于1751年的名画《残忍的第一阶段》，就生动地描绘了伦敦街头各种虐待动物的欢乐图。类似的场景，从宫廷到校园，从街头到酒馆，曾经是老少咸宜的欢笑来源，今天却引起我们的恶心、痛恨，原因何在？

其实，近代初期欧洲社会的残暴是一种文化，对动物如此，对人类也不例外。宗教战争与宗教迫害蔓延几百年，教派之间的杀戮极为血腥；法律上的各种刑罚也极为严苛，五花八门的酷刑拷打、凌迟处死，几近变态。但是今天的人最难理解的，可能并不是这些残酷暴行如此普遍、如此制度化，而是一般民众对残酷景象的不在乎。事实上，当时很多酷刑跟死刑都是公开执行的，民众扶老携幼去看热闹，以血腥的场面以及他人的痛苦和死亡景观为乐。既然大家对人类的痛苦都能如此不在乎甚至乐在其中，那么把动物遭受的折磨与痛苦当成娱乐，又有什么奇怪的呢？

威廉·霍加斯，《残忍的第一阶段》，1751年，版画。

这幅版画的主角汤姆·尼禄（Tom Nero）正在虐待一只狗（他与其他几人一同将箭插入狗的肛肠），他右臂上 "S.G" 样的徽章表明了他来自圣吉尔斯教区（St. Giles），这是当时伦敦臭名昭著的贫民窟，也是画家霍加斯许多道德讽刺画的故事背景。画中不止这一处虐待动物的残酷场面：看台左侧一群人将猫倒挂后以看它们挣扎为乐；看台右侧的男孩将烧红的针插入鸟的眼睛，看它做何反应；在左下角，一只狗将猫撕咬至直肠流出；在右下角，男孩将骨头绑在小狗的尾巴上——狗很想咬，却够不着。——编者注

四、人道主义革命

但是到了 17、18 世纪,欧洲人的感性出现了变化。所谓感性出现变化,意思是人的心肠变得比较柔软,情感开始活跃,能够设身处地想象他人的感觉,对陌生人的遭遇和苦难变得比较敏感,也更为在乎。这种新的感性弥漫扩散开来,蔚然成风。到 18 世纪中叶,在贵族跟中产阶级之间,当众表演自己心肠的柔软与情感的纤细脆弱,几乎变成一种流行的时尚。

这个具有历史里程碑意义的变化,有学者称为"人道主义革命",因为它所带来的同情、关怀、慈悲、怜悯等人道主义的价值,慢慢取代原先受到推崇、弥漫在空气中的勇武、暴力、好斗与残忍之类的习性。当然,在实际行为上,人们并不会完全放弃暴力跟残酷,但是在心理感受上、在道德评价上、在社会风气上,大家开始跟暴力和残酷拉开距离,不忍心看到血腥与痛苦。暴力以及征服、杀戮、酷刑仍然盛行,但需要找到更多、更精致的借口,也更需要加以掩盖、隐藏。

人道主义革命有多重起因,宗教战争的惨烈过程所催逼出来的宗教宽容、思想上的启蒙运动,还有人口的流动所带来的眼界开放,都起了推动的作用。但有一个因素值得特别说一下,那就是描写私人感情的言情小说的兴起,一时之间席卷整个欧洲。像英国的《帕梅拉》、法国的《新爱洛依丝》、德国的《少年维特之烦恼》,这样的小说跟此前的主流文学不同,所写的不再是英雄武士贵族的征战冒险传奇,而是普通少男少女的缱绻私情。这些小说细致地描写小人物的内心情绪挣扎,我们今天读起来大概会觉得滥情,起鸡皮疙瘩,在当年却风靡欧洲,所产生的效果正是带领读者进入他人的内心世界,再回到打开自己的情感闸门,在他人跟自我之间形成强烈的互动与共鸣。这种文学作品,帮助读者分享他人的喜怒哀乐,从而培养同情、同理之心。这种阅读经验,可以称为一种情感教育,影响所及就是改变了无数人的道德意识,也改变了道德哲学的走向。

五、高调的道德观与低调的道德观

在这里,让我们停下来,思考道德哲学的一个基本问题:"道德"的功能究竟是什么?前面说到,人类有一种根深蒂固的愿望，就是摆脱肉体，摆脱肉体所体现的种种脆弱与不完美，进入一种理性的生命，因为这种状态最能够彰显人类身为万物之灵的崇高尊严。跟这个愿望相呼应，道德的功能就在于把"自然人"变成"道德人"，把受肉体欲望支配的人变成追求精神理想的人，把实然状态下不完美的人提升到应然状态的完美，把平凡人的生命品质提升到理想的境界。我要强调，这是一种**高调的道德观**；道德是一种砥砺自己的追求，它所关心的是个人的道德成就，塑造出来的是道德英雄。这是古典时代的道德观，流传到今天仍然在我们的心中鼓动着。

但是人道主义革命的情感教育逐渐扩散之后，一种新的道德观缓缓浮现：生活中的悲喜苦乐等日常、切身的实际感受，开始受到重视，逐渐能跟个人的道德修养与成就平起平坐，成为道德思考的核心问题。我们开始注意他人的遭遇跟苦难，能够感同身受，产生同情，从而认为苦难是一种没有积极意义的负面经验，减轻苦难乃是道德的第一要务。经过这个转折，道德思考开始转向**低调**，也可以称之为**底线道德**。什么叫作低调？如果说高调的道德关心的是道德的成就，敦促人们追随道德楷模，克服欲望，提升自己，进而成圣成贤；那么低调的道德就是安于平凡，重视个体生命的日常具体感受，特别是肉体层次的痛苦跟快乐。从低调的道德观来看，道德的功能在于减少外来的伤害，舒缓个体生命所承受的痛苦。必须强调，低调的道德并不排斥任何人去追求生命的提升、追求更高的道德境界，不过道德也一定要能够回到底线的层次，设法减少世界上的苦难。这种道德的要求是：避免制造痛苦，设法纾解苦难。

这种新道德观产生了广大的影响。18世纪以后，它跟法国大革命的激进思潮结合，把人道主义关怀人间痛苦的道德诉求落实到社会改革的行动上。于是在一些国家出现了强大的人道主义运动，开创各种慈善事业，援助各类弱势群体，例如监狱改革、废止奴隶制度、救助风尘少女、保护童工、争取妇女投票权、废止死刑、降低工人的工作时数等。这些运动的共同信念，就是同情世上的受苦人，认为痛苦与暴力乃是首要的恶，需要设法减轻乃至消除。

在这些人道主义运动之间，也包括了动物保护运动。英国在1824年成立了世界上第一个动物保护团体——反虐待动物协会，并且逐渐散布到其他国家。有了这种新道德观，有了人道主义的社会改革运动，加上新的效益主义道德哲学提供了理论支援，动物伦理学诞生所需要的思想条件跟社会条件已经具备。动物伦理学的第一步，正是在效益主义的基础上踏出去的。那么，什么是效益主义？它如何帮助动物伦理学踏出了第一步？我们在下一讲跟各位一起来重温动物伦理学的这个第一步。

第 5 讲

效益主义：从18世纪到20世纪70年代

在上一讲里，我们谈到18世纪的人道主义革命带来了一种新的道德感性。在这种新感性的驱动之下，道德思考逐渐从一种高调的道德观转向低调的道德观，把人们的切身遭遇当成道德的核心问题。所谓低调的道德观，就是把日常生活中的身心感受特别是痛苦跟愉快看成道德必须关注的主题。如果说高调的道德观追求一些高远的道德理想，那么低调的道德观宁可回头关心个体是不是能够少受一些痛苦、多享受一点快乐。现在我们要谈的效益主义，就是典型的低调的道德哲学。接下来就简单地介绍效益主义的"低调"主张，以及对动物问题的意义。

不过在这里需要在名词上稍做说明，我所说的"效益主义",通行的名称是"功利主义"。"功利主义"这个中文翻译的历史悠久,约定俗成,大家已经很习惯了。但是中文的"功利"一词容易引起负面的联想,例如孔子说"君子喻于义,小人喻于利",孟子也提出义利之辨,强调仁义,"何必曰利";即使在今天的白话文里,"急功近利"通常也是一种批评。这当然是因为我们早已经被高调的道德观所潜移默化,向往崇高的理想,对于功利多少有点不屑甚至排斥。为了避免这类负面的联想,学界正在用"效益主义"取代"功利主义",前者译法比较中立,同时也更为准确。因此在这里,我也用"效益主义"一词。

一、效益主义:一种"后果"导向的道德观

效益主义对动物特别友善、为动物伦理提供了最早的理论支柱,不是没有道理的。效益主义的道德观有三个特点:第一是重视后果,第二是扩大了道德所关注的范围,第三则是主张平等。无论是对西方道德观的转向,还是对动物伦理学的出现,这三点都有重大的意义,我们下面分别说明。

先说"重视后果"。大家知道,要判断一件事情的对

错好坏，可以有不同的着眼点。有些道德观关注的是，做这件事的人具备什么样的心地跟动机，只要是心地好的人出于善意做的事情，就符合了道德要求，至于后果是好是坏，并不是道德所需要考虑的。另外有一些道德观，则关注行为是不是遵循正确的道德规范，一种行为只要符合了相关的道德规则的要求，就算是对的行为，至于结果的利与害，同样不是道德所需要过问的。效益主义舍弃了这两种道德观，调整方向，把道德的着眼点放到事情的后果上，也就是根据行为所带来的利益跟害处，判断它的是非对错。

这个着眼点的转移，确实很合理，也有重大的意义。道德当然希望人们有好的品格、良善的动机，但是道德不会只要求大家诚意正心做好人；毕竟，好人、好事都可能带来意想不到的灾难，不是说"到地狱的路是善意铺成的"吗？道德也希望人的行为能够符合道德规则的要求，但是不能变成形式主义；毕竟，规则本身是不是合理，是不是能配合当下的实际情境，最重要的是这个规则是不是真的有实质的道德意义，本身也需要先检讨一下？说到最后，道德毕竟要回到现实世界，要对事情的实际状况有些影响，因此就不能不追问一种行为如何影响到人们的实际利益跟福祉。道德不可能只关心好人、好心、好事，只管道德诫命的规定是什么，却不理会这些行为、诫命有没有带来某些更好的结果。

其次，要如何理解"效益主义扩大了道德关注的范围"？上面说到，效益主义把道德的着眼点转移到了后果上，但是焦点转移之后，道德的关注对象也从居于主动地位的行为者，扩大到了被行为影响到的承受者。这一点很重要。有道德意义的行为，一般都可以分出**行为者跟承受者**；行为者是主体，也就是从事行为的人，承受者是客体，承受着行为者行为的影响。绝大多数的行为都有承受者，即使是鲁宾孙一个人漂流到荒岛上生活，他也可能污染海洋，影响到其他人、其他生物。

古典的道德观一般并不特别强调行为者跟承受者之间的区分。它通常只关注行为者跟行为本身，这是因为，如果道德的着眼处是行为者的品格如何，行为的动机是不是良善，或者行为是不是符合道德规则，那当然就会盯着行为者以及他的行为。但是如果你关注的是后果，你就不能不注意到这个后果是谁在承受。

效益主义关心承受者，这一点为动物打开了进入道德范围的大门。确实，如果只谈行为者，你当然会认为道德只关心具有道德能力、能够思考与选择的理性人类，对他们提出道德指引跟道德要求。至于那些没有理性能力、没有道德能力的生命，既然不可能了解道德指引跟道德的要求，你也就有理由不去理会它们。但是效益主义把焦点转移到了行为的承受者，被行为影响到的人。既然这些人只是被动地承受着别人行为的冲击，那么他们有没有理性、有没有道德能力，就不是问题所在了。因此，你没有理由再拿道德能力作为标准，把不具有足够理性的对象排除到道德领域之外。但是这道闸门打开之后，动物就有机会进入道德考量的范围。其实不只是动物，还有婴儿、缺乏思考与认知能力的人、智力有障碍的人、痴呆症患者、精神疾病患者，以及遭受各种心理问题折磨的人。他们的能力、禀赋有所不足，道德修为跟理性能力有所欠缺，却也都开始受到道德的保护，原因只是因为他们可能受到行为者所带来的伤害。这意味着道德的关注范围大为扩展。

现在来看效益主义的第三个特点，也就是**道德上的平等**。它是怎么主张"道德的平等"呢？上面说过，效益主义看重的是行为所造成的具体影响，具体而言就是带来的利益跟伤害，至于这些利益跟伤害属于谁，这个受伤害者具有什么身份、能力、成就，**从道德的角度来说**，当然都是次要的。换言之，效益主义的平等，意思就是每个个体所承受的利益与伤害，所获得的重视跟考量应该是平等的。这个想法，其实相当符合我们的道德直觉。我们认为，道德在本质上必须承认所有人的平等，对所有人一视同仁，不偏不倚，无私无我。但是要怎么落实这种一视同仁的平等主义要求呢？效益主义认为，把着眼点放在个人的利益上，不去管这个个人身上的特色，似乎最能满足"平等看待"的要求。无论是谁，不管他多么尊贵或者卑贱，不论他属于什么族群，也不问他的品格、心地，不理会他的道德修为或者成就，只要具有类似的利益跟伤害，这些利益跟伤害便应该获得平等的考量。因此，效益主义比起其他道德理论更能突破成见，把道德的关怀扩展到原先遭到忽视、歧视或者排斥的群体。我们会看到，这一点，正是效益主义建立动物伦理学的关键。

二、效益主义对动物的态度

效益主义的代表人物英国哲学家边沁，在18世纪末叶的一段话，指明了效益主义对动物的态度，具有里程碑

的意义,经常被人引用,我们在此也一定要再读一次。这段话说:

> 或许有一天,动物可以取得原本属于它们,但只因为人的残暴之力而遭剥夺的权利。法国人已经发现,皮肤的黑并不构成理由——听任一个人陷身在施虐者的恣意之下而无救济之途。有一天大家也许会了解,腿的数目、皮肤是否长毛,或者脊椎骨的终结方式,也是同样不充分的理由——听任一个有感知的生物,陷身同样的命运。其他还有什么原因可以划下这条不容逾越的界线?是理性吗?还是语言能力吗?可是与一个刚生下一天、一周甚至一个月的婴儿比起来,一只成年的马或者狗都是远远更为理性、更可以沟通的动物。不过即使这一点不成立,又能证明什么?问题不在于"它们能推理吗?",也不是"它们能说话吗?",而是"它们会感受到痛苦吗?"。(转引自彼得·辛格《动物解放》)

边沁的这一段话铿锵有力,把效益主义的革命性诉求说得淋漓尽致。他的意思是说,人类用残暴的力量奴役黑人,虐待动物。但是皮肤的颜色并不构成差别待遇的理由,人类跟动物的差异,也同样并不具有道德意义;我们没有理由因为皮肤的颜色而奴役黑人,也没有理由因为一些生理结构上的差异就任意虐待动物。至于理性、语言能力等,也不足以决定一个生命应该获得什么样的待遇。唯一足以决定对待方式的因素,就是"它们会感受到痛苦吗?"。换言之,任何生命只要能感知到痛苦,就应该获得同样的道德地位。至于他是黑人还是白人,是人类还是动物,都是次要的问题。

边沁的这一段话,只是他在一本大书里的一个脚注。但从他的传记可以看到,他本人对动物相当有爱心,不仅容忍老鼠在书房里出没,甚至还把一只猪当成宠物养在家里。不过,他并不认为吃肉、动物活体解剖等,都是绝对的错误。事实上,他并没有发展出完整的动物伦理学。这件工作要由20世纪另一位效益主义者彼得·辛格来完成。彼得·辛格用"能不能感知痛苦"作为核心的问题,充分发挥上述效益主义的三点特性,开创了当代的动物伦理学。我们在下一讲,会详细解释辛格的理论。现在我们先谈一下动物伦理学在当代兴起的背景。

三、动物伦理学如何兴起？

"动物伦理"是一个相当年轻的领域，至今只有不到五十年的历史。1975年，彼得·辛格出版《动物解放》一书的时候，他只是一位29岁的年轻哲学教师。这本书出版之初，并没有立刻引起注意，但是几年之后它开始受到瞩目，传播广远，脍炙人口，产生了革命性的效果。除了唤起无数读者对动物议题的关注，它还为西方的动物保护运动奠定了理论的基础，也在学院之中开拓了"动物伦理学"这个新领域。这本书被誉为动物保护运动的《圣经》，虽然不无夸大，但它的影响确实是非常可观的。无数读者，包括我自己，都是因为读到这本书，有如当头棒喝，受到启发与影响，走上动物保护之路。

辛格的观点为什么造成这么大的冲击？我在前面曾一再强调，人类的道德意识是逐渐演变、发展出来的，是有其历史的。人类对动物的态度有所改善，感觉到任意伤害动物于心不忍，需要两方面的条件配合。其一是社会风气、社会舆论的改变，也就是由于社会的变迁发展，人们的道德感性也跟着有所变化，松缓了原先对动物的残暴、冷漠态度。其二则是需要找到合适的理论工具，也就是找到一种道德理论，它本身的架构更有包容力，不仅纳入原先被排斥在道德关怀范围之外的"异类人群"，还可以跟根深蒂固的人类中心主义对抗，纳入属于更为"异类"的动物。上面我们看到，效益主义已经意识到道德不能把动物排除在外，辛格充分利用效益主义的理论资源，让动物伦理能够言之成理，在当代人的道德意识中获得共鸣。

那么社会的心态、风气是不是也能配合呢？

其实，在19世纪末叶，欧洲已经出现关怀动物的声音。英国人亨利·索尔特（Henry Salt）在1892年写过一本 *Animals' Rights*（《动物的权利》），不过时代不能配合，这本书泥牛入海，没有引起注意。对比之下，20世纪下半叶的动物伦理学，乃至于动物保护运动，在很大程度上是时代的产物。辛格的《动物解放》，书名就呼应了20世纪70年代西方的时代背景跟社会潮流。当时在西方，有两种运动正进行得如火如荼，一是黑人民权运动，争取黑人的平等地位，二是妇女解放运动，争取女性的平等地位。黑人的解放跟女性的解放在年轻世代之间获得了广大的支持，"解放"一词大家耳熟能详，辛格顺势而行，提出动物的解放，争取动物的平等地位，果然打入人心，引起了热烈的共鸣。

翻开《动物解放》一书,第一章第一节的标题就是"种族主义、性别歧视与动物权利"。为什么要拿动物的权利跟种族主义以及性别歧视相提并论呢?那是因为辛格认为,种族歧视、性别歧视以及人类对动物的物种歧视,三者的逻辑结构是一样的。指出种族主义跟性别歧视的错误在哪里,就可以看出人类对动物的歧视也犯了同样的错误。反过来,追求种族平等、性别平等,所根据的理由也可以证明人类为什么应该平等地考量动物的利益。辛格将种族主义、性别歧视跟动物的问题相提并论,是他的书能够直指人心的关键原因。

什么叫作歧视?所谓歧视,就是因为某个群体在某一种特征上跟我们不一样,所以受到我们的排挤压迫,不能享有跟我们一样的平等权利。种族歧视用黑人跟白人在种族、肤色上的差异作为借口,认为黑人不如白人,白人可以压迫黑人;性别歧视则是借男人跟女人的性别差异,认为男人的地位高于女人,两性没有平等的权利。很明显,这两种歧视都是强调某一种差异,然后用这种差异作为理由,得出不能平等看待的结论。那么动物呢?辛格认为,人类歧视动物,完全套用了种族歧视跟性别歧视的逻辑:只是因为动物跟人类属于完全不同的物种,彼此之间的差异太大，所以人类有充分的理由压迫动物，不愿意把人类跟动物看成平等的生命。

接下来的问题就是：差异的存在当然是事实，但是这些差异跟平等有什么关系呢？如果只要有差别就不能谈平等，那么"一种米养百种人"，人类内部也根本不应该谈平等吗？其实，今天几乎所有国家都会强调，无论性别、种族、宗教、职业、阶级，所有的人都享有平等的道德地位、法律地位、政治地位。换言之，道德、法律、政治上的平等，跟性别、种族、宗教、阶级的差异并没有关系。在谈平等的时候，性别、族群的差别并没有意义，是不相干的。因此，种族歧视跟性别歧视的错误在于，用不相干的差别作为借口，剥夺了黑人跟女性应该享有的平等权利。

这个论点非常强大、非常犀利，但是能不能延伸到动物呢？人类跟动物之间的差别当然明显而且有其意义，这是不争的事实。问题是，物种之间的差别，跟平等这个要求有没有关系？不错，性别与族群的差异跟平等没有关系，不能作为不平等的借口。但是难道一只狗跟一个人之间的物种差别也跟平等没有关系，就能因此认定他们之间的不平等吗？这听起来很荒唐，大家不会接受的。关键的问题是，"平等"究竟是什么意思？

其实，平等并不是泛泛谈平等，一定指在某一个特定方面的平等。上面谈到性别平等跟种族平等，指的是不同性别或者不同族群在道德、政治、法律地位上的平等。在此先不讨论法律与政治地位的平等，单就道德地位的平等而言，我们若是主张不分性别、族群，所有的人在道德上都是平等的，甚至进一步主张，无论物种，人类跟动物在道德上是平等的。这里的道德平等，究竟是哪一个方面的平等？边沁说出了重点：问题不在于"它们能推理吗？"，也不是"它们能说话吗？"，而是"它们会感受到痛苦吗？"。动物跟人类都能感知痛苦这一点，便是人类与动物平等的基础。无论一只狗跟一个人有多么大的差别，既然他们都能感知痛苦，他们的痛苦便应该获得平等的关注。辛格的动物伦理学，就是要发挥这个观点。

第 6 讲

彼得·辛格（上）：痛苦衍生的道德要求

第 5 讲介绍了彼得·辛格的基本观点。现在，我们要正式探讨辛格的理论。需要说明一下，从这一讲开始，我们进入了动物伦理学的哲学堂奥。接下来，我们会碰到一些哲学性质的概念跟论证，如果你没有接触过哲学，一时之间可能不太习惯，会觉得绕来绕去挺夹缠的。但是我可以保证，只要你稍微用心，有点耐心，这些思辨是难不倒你的。

人类对待动物的方式，一向非常残酷、血腥，但是在人类中心主义的笼罩之下，传统的道德观并不认为这种残酷跟血腥构成严重的道德问题。人类中心主义举出了动物没有理性、没有语言能力、没有自我意识等事实，说明动物根本不具有道德能力，因此也不具有道德地位，道德根本不需要去理会人类带给动物的伤害和痛苦。

效益主义要挑战道德哲学的这种成见。在上一讲，我们引用18世纪末叶英国哲学家边沁的一段话，追问人类有什么理由把动物排除在道德保护的范围之外。他表示，要知道动物有没有道德地位，问题并不在于"它们能推理吗？"或者"它们能说话吗？"；关键的问题是"它们会感受到痛苦吗？"。这个看似简单的问题，正是彼得·辛格建立动物伦理学的出发点，也是当代多数动物伦理理论的基础，其意义非比寻常。

一、你怎么知道动物会痛苦？

在这里，我必须打个岔，谈一下"痛苦"这个概念。各位大概都不会怀疑，绝大多数的人类跟动物能够感知自己身上的痛苦。但总是会有人质疑，你怎么知道动物感受到了痛苦？痛苦是一种很主观、在身体内部的感觉，动物又不会告诉你它们的感觉，你怎么能确定它们感到痛苦呢？其实同样的问题，也可以用到人类的身上：一个人说他牙痛，但是你永远只能根据自己的牙痛经验，去想象他的牙痛，你不可能直接去感觉到他的牙痛是怎么回事。换言之，说一个生命感受到了疼痛，永远是一种合理的想象，一种推论，而不可能是直接的经验。人类是如此，动物也一样。

那么这种推论的依据是什么？辛格指出，我们可以根据动物神经系统跟人类的类似程度，根据动物在行为外观上的表现方式，以及疼痛这种感觉在演化上所发挥的功能，推断许多动物跟人类一样，能够感知痛苦。生理学与解剖学显示，多数动物的神经系统跟人类非常接近，能够接收跟传达疼痛的刺激；动物感受到疼痛时会翻滚、惨叫、呻吟、逃避，跟人类的反应很相近；而感知痛苦的能力，能够帮助动物躲避痛苦的来源，保护自己，显然具有演化上的功能。根据这些证据，我们可以肯定，很多动物是能够感知痛苦的。

另一方面，还有人担心，植物是不是也能感知痛苦？如果植物也能感知痛苦，水稻、蔬菜不是也应该跟动物一样，获得道德的地位吗？你为什么只谈动物伦理，不谈植物伦理呢？

其实从上面所列出的三个方面来看，植物并没有跟动物相似的神经组织，并没有跟动物相似的行为表现，同时植物也不会靠躲避痛苦的来源以求保护自己。因此，并没有明确的证据，让我们推论植物能够感知疼痛。不错，人类如何对待植物，大概也是问题重重，需要反省跟思考。不过针对植物的伦理思考，跟针对人类以及动物的伦理思考，所依据的原则应该大有差异，但这并不是我们的主题所在，我本人也缺乏研究，在此只能略过。

　　回到动物的痛苦。在字面上，"痛苦"跟"疼痛"似乎有一些区别：疼痛可以泛指一切反射性的负面感觉，并不需要进入意识层面；痛苦则属于意识到的经验，需要比较复杂的中枢神经系统参与。而我们所谓的"动物"包罗万象，一般认为其中的很多种类虽然有反射性的感觉可言，却不能说感知到痛苦，例如多数的无脊椎动物。不过这些复杂的科学问题，跟我们的主题有些距离，也超出了我个人的知识范围，在此也只能避开。毕竟，多数跟人类直接发生关系的动物，包括在家里一起生活的同伴动物、当成食物与毛皮来源使用的经济动物、科学研发以及教学所使用的实验动物，还有被人类猎杀、夺走栖息地的野生动物，很明显都是能够感知痛苦的，大家并不会有疑问。

二、能感知痛苦，就应该获得道德保护

边沁和辛格用"感知痛苦"作为指标，为这些跟人类关系密切的动物寻找道德地位，其中的道理说起来很平常，但确实包含着重要的道德思考线索。

在边沁以及辛格看来，感知痛苦是一个最低的、起码的门槛。任何生命，只要能跨过这个门槛，就进入了道德的领域，取得了道德地位，必须受到道德的保护。我们来看看为什么。辛格指出，"能不能感知痛苦"，跟你的头发是黑色还是黄色、长得高还是矮、是草食动物还是肉食动物、懂不懂微积分、会不会使用语言，并不是同一类的事情。你身上有没有这些特色，比如说你会不会做数学题目、身高体重多少，并不会影响你有还是没有道德身份；换言之，这些特色并不具有道德的意义。对比之下，感知痛苦这种能力，却是具有道德意义的。感知痛苦的道德意义，除了痛苦本身是一种负面的经验，还在于它带出了"利益"这个概念：一个个体若是能够感知痛苦，就代表他有利益可言；感知痛苦的能力，乃是有利益可言的前提，因为能够感知痛苦，就代表他知道身上发生的事情对自己有利还是有害。一块石头不会感知痛苦，因此石头并没有利益可

言：你可以对一颗价值连城的钻石做任何事，无论是好事还是坏事，都不能说你伤害了这颗钻石的利益。但是一个人、一只狗、一只老鼠，只要能够感觉到痛苦，那么你对他/它做什么，显然就影响到了他/它的利益。

在这里，有人会提出质疑：那么没有感知痛苦的能力，就没有利益可言？一棵树或者一只牡蛎虽然不会感知到痛苦，但它们的继续存活，不就是它们的利益所在吗？砍倒一棵树，吃掉一颗牡蛎，难道没有伤害到它们的利益？不错，这个质疑有道理！也许我们应该说，能够感知痛苦，就有利益可言；但是不能感知痛苦，并不代表没有利益可言。换言之，感知痛苦可以说是有利益可言的充分条件，却不一定构成了必要条件。

这个问题可以很复杂，但是在这里我同样不打算深入，只能留给各位自行思考。好在我们在生活中遇到的多数情况，都是明显有痛苦可言的动物，不至于引起实践上的太大困扰。

进一步的问题是，利益跟道德地位又有什么关系？不要忘记，边沁跟辛格都是伦理学上的效益主义者；我们说过，效益主义认为道德上判断一件事的是非对错，所要考虑的是这件事情所带来的后果，至于行为者的动机、品格，或者他遵循了什么道德规则,都属于次要,并不是道德判断的依据。所以边沁跟辛格自然认为道德要关心利益。但是即使我们不是效益主义者,根据常理,我们也会承认道德应该要关注个体的利益,谴责对利益的不当伤害。空谈心性良知,空谈道德规则,却不去过问一件事给"谁"带来了"什么样"的利益还是伤害,这种道德岂不是太空泛、太不食人间烟火了?讲不讲这种道德,有点像是追问穿鞋子的时候应该先穿左脚还是先穿右脚,并不会造成现实世界里的太大差别,这等于是把道德架空了。为了让道德具有实质意义,一个对象是不是应该受到道德的考量跟保护,首先要看他是不是有利益需要考量跟保护;既然有利益,就有道德地位。

让我们总结一下:能感知痛苦,就有利益可言;有利益可言,就有道德地位。——这是辛格动物伦理学的第一个核心主张。其实我们可以把这个主张再简化一点:任何生命,只要能够感知痛苦,就应该受到道德的关注跟保护。根据这个主张,几乎所有被人类使用的动物,都是有道德地位的。也就是说,你如何对待这样的动物,是有道德上的是非对错可言的。

三、利益必须获得平等的考量

到此为止，辛格说明了"感知痛苦"这道门槛的重大道德意义。这道门槛把动物纳入了道德范围，明确地承认了动物的道德地位。对关心动物的人来说，接下来的问题是，道德要如何关注动物的利益？怎么做才符合道德的本质？

辛格的答案："利益必须获得平等的考量"。这是他的动物伦理学的第二个核心主张，但是这个主张是什么意思呢？我们先想想一个简单的例子：如果人类的利益是满足口腹之欲，但一只猪的利益是不要被宰杀吃掉；面对这两种利益的冲突，道德会要求我们把这两种利益放在天平上公平地比较，不可以只顾人的利益，却不考虑猪的利益。不要忘记，猪的利益牵涉生死，人的利益却只在满足口腹之欲，这两种利益孰轻孰重，请问你会如何在中间做衡量呢？

大家会开始抗议：为什么要把人的利益跟猪的利益放在平等的地位上比较？这时候辛格提醒我们，没办法，这是道德的本质要求啊！道德一定会要求平等看待所有相关对象的利益。如果做决定的时候不是中立无私，而是偏袒我自己的利益，或者某个特殊的小圈子的利益，那就一定算不上是道德判断。我族中心主义、男性中心主义、白人中心主义，乃至于我们一直在谈的人类中心主义，都是有所偏袒的观点，因此它们都不能算是从道德出发、符合道德要求的观点。事实上，我们批判这类观点，正是因为它们违反了道德的基本要求，也就是没有平等地看待所有相关的个体。**道德要求平等，这是道德的基本特征。**

大家会说，哪有什么道德会要求把人跟猪放在一起平等看待？这种道德岂不是荒唐至极？各位误会了。其实，从效益主义的立场看，道德要求平等看待的并不是人跟猪，并不是说人跟猪平等，更不是要给人和猪一样的待遇，而是人的**利益**跟猪的**利益**这两者之间要做平等的考量。所以辛格并不需要理会人跟猪是不是一样，而是追问人的利益跟猪的利益是不是获得了同样的考量。考量的结果可能是人吃猪肉的利益，压倒了猪活下去的利益。这当然很不可能，因为满足口腹之欲，不可能比继续活命来得重要。但是至少我们要让这两种利益有机会摆上天平，做公平的比较。问题是，人类通常根本不愿意承认猪的利益有任何分量，我们先天地就认定了人类的利益一定压倒猪的利益，甚至不承认猪也有利益可言。这种态度，岂不正是人类中心主义吗？

我猜想大家还是不会满意。你要比较口腹之欲跟继续活命这两种利益吗？不错，人的活命当然比人的口腹之欲重要，如果富人朱门酒肉臭，穷人路有冻死骨，那当然富人应该放弃他们的口腹利益，设法让穷人能够吃饱活命。换言之，人的口腹之欲必须让位给人的活命权利。但是人的口腹之欲跟猪的活命权利呢？照一般的想法，这时候口腹之欲的分量，好像又可以压倒继续活命的重要性了。这两种情况对比之下，很显然，大家在考虑的并不是吃肉跟活命哪一件事重要，而是认为人的利益先天就比猪的利益重要，至于这个利益是吃肉还是活命并没有列入考虑。换言之，大家眼里还是只看到人跟猪的对比，而并不是看吃肉跟活命这两件事的对比。

分析到这里，问题已经很明显了。我们在思考谁的利益优先的时候，非常容易陷入各种偏见的支配。在种族主义的偏见支配之下，白人认为自己的利益比黑人的利益优先；在性别歧视的偏见支配之下，男人认为自己的利益比女人的优先；在人类中心主义的偏见支配之下，我们也毫不客气地认定，自己吃肉的利益要比猪活命的利益还要优先。在这几种情况中，我们根本没有思考这些利益各自有多大的分量；我们是根据私心，根据偏见，根据利益属于谁，便对利益的轻重先后做了判断。如果这不叫偏袒、不叫徇私、不叫不公平，还有什么事算是不公平？一种态度如果造成这样不公平的结果，还有资格称为道德的态度吗？

辛格提出"利益的平等考量"，正是要摆脱这种私心跟成见的支配。我们不能基于富人跟穷人的差别，去判断谁的利益重要；我们只能根据利益本身的相对重要性，去安排利益的先后顺序。既然如此，那么推而广之，利益的主人是谁并不重要，重要的是利益本身。只有从利益本身去判断轻重先后，才符合道德的要求。辛格建议我们对利益做平等考量，不去理会这些利益是谁的利益，正是要说明这个道理。

四、总结

现在我们总结一下。辛格的这两个主张——第一，一个生命若是能够感知痛苦，就有资格受到道德的关注；第二，这个生命的痛苦，需要获得平等的考量——各位听到这里，觉得有说服力吗？从《动物解放》这本书出版以后所不断产生的庞大影响来看，他的理论不仅浅显易懂，深入人心，同时可以立即应用到人类各种使用动物的实际例子上，对各种残酷虐待动物的方式提出批判。这两方面的优点，也正是效益主义作为一种规范伦理学的引人之处：既符合我们的道德直觉，又能直接指引立法跟公共政策。《动物解放》出版之后，动物保护运动在各地都开始蓬勃发展，保护动物也逐渐成为大家接受的公共伦理。在这些方面，辛格的伦理学贡献很大。在下一讲，我们要介绍他的理论如何被应用到一些实例上。

但是辛格的理论是不是也有问题呢？其实，除了掀起各地的动物保护运动，辛格的重要贡献之一，就是也激发了不少批评。一路下来，许多哲学家指出了辛格理论的不妥、不足之处，并且设法发展跟他不一样的动物伦理学。我们可以说，对辛格的批评构成了日后动物伦理学发展的主要动力。这些批评可以分为两类：一类针对"利益"这个概念，主要集中在"感知痛苦"这个标准的理论缺陷上；另一类则针对辛格对道德这件事的理解，挑战效益主义的"平等考量"说法。我们会陆续介绍这些批评。正是靠着这些你来我往的思辨过程，动物伦理不断向前发展，我们对动物的道德思考也就愈发深入。

第 7 讲
彼得·辛格（下）：吃肉与动物实验

在上一讲，我们提纲挈领，介绍了辛格的动物伦理的观点。他提出两个核心主张：第一，任何生命，只要能够感知痛苦，就有利益可言，因此也就拥有道德地位；意思是说，我们在做涉及这个生命的判断与决定的时候，需要将其利益列入考量。那么怎么考量呢？第二，在考量不同个体的利益之时，我们要给予这些利益同样的权重，平等地看待这些利益，不能因为这个个体属于什么物种而有所歧视。利益就是利益，利益就必须获得平等的考量；至于这是谁的利益，属于男人还是女人，属于黑人还是白人，属于人还是狗，不能影响到这些利益所受到的重视程度。

回到现实,这两个主张的含义是什么?从这种观点出发,我们怎么看待人类使用动物的各种方式?

人类使用动物,当然是为了人类的利益。人类想吃肉,于是宰杀动物作为食物;人类需要同伴,于是在家里饲养小猫小狗;人类要追求科学知识,要找到有效、安全的医药与化妆品,于是进行动物实验;人类还需要休闲娱乐,于是有了动物园、马戏团,以及各种动物展览、表演、斗牛、赛马、钓鱼、狩猎。假如不是为了自己的利益,人类何必使用动物呢?

这是动物伦理要处理的核心问题:人类不能不使用动物,于是不能不面对人类利益跟动物利益的冲突。的确,有一些理想主义者呼吁人类不要再使用动物,至少不要以血腥残酷的方式使用动物,不吃肉,不穿皮革制品例如皮鞋、皮草,不再进行动物实验。但是这些要求的标准太高,绝大多数人听不进去,在今天的社会里也几乎行不通。我们要承认,一种道德要求如果背离了现实状况太远,即使具有很高的道德理想性,通常也是很难做到的,结果往往适得其反。我当然认为社会会改变,也必须改变,但是改变有它的节奏跟进程,也要逐步克服制度的惰性跟人类的自私,不可能只凭道德呼吁就一步到位。

就这一点而言，辛格的动物伦理学相当踏实。面对人类利益跟动物利益的冲突，一个极端是人类中心主义只看重人类的利益，完全忽视动物的利益；另一个极端是上面提到的道德理想主义，为了提高动物的权益，便要求人类放弃许多当下被认为是必要的或者习以为常的利益。辛格认为这两种立场都有问题。他所提出的两个主张并不要求人类完全不再使用动物；但是在使用动物的时候，我们必须公平地衡量、比较人类的利益跟动物的利益。道德思考要避免非黑即白，要容许不同情况下的弹性与调整。因此我们要问的是，根据辛格的平等考量原则，在什么情况之下可以使用动物呢？现在，在这一讲，我们用吃肉跟动物实验两个问题作为例子，说明辛格的观点。

一、我们该不该吃肉？

吃肉大概是人类利益绝对压倒动物利益的典型，可以作为例子，说明辛格的态度。绝大多数的人每天都在吃肉，并且是大量地吃肉，却从来不去想嘴里的肉是怎么来的。吃肉当然需要先经过生产肉品的一连串过程，从繁殖、豢养动物，到"活体"运送、屠宰、分装，最后变成超市里的肉品。由于肉类必须以高效率、低成本的方式生产，才能满足广大消费者的需求，也才能为肉品产业的各个环节带来利润，结果就是集约式、工厂化的资本主义养殖方式，取代了以前农家在院子里养几只猪、几只鸡的田园生产方式。这种追求低成本、高利润的过程往往是极为残酷的，在每一方面都违反了动物的需求跟天性，造成大量的折磨以及痛苦。到最后，当然还必须快速宰杀动物，也就是在一片血腥之中终结它们的生命。显然，在吃肉这件事上，人类的利益跟动物的利益正好冲突。面对这种冲突，按照辛格所要求的"利益的平等考量"，会得到什么结论呢？

首先要注意，辛格区分了"利益"跟"生命"这两个概念：他的平等主义虽然要求利益的平等考量，却并不认为一切生命是平等的。你觉得他自相矛盾吗？其实不然。他的想法是，一般而言，人类的智力比动物高，感知以及想象的范围比动物广阔、复杂，所以人类能够感知到的快乐跟痛苦也要比动物来得丰富；到了同样面对死亡的时候，人类的痛苦会比动物来得强烈得多，包括预知死亡将来临时的恐惧，想到人生的希望与抱负横遭打断的遗憾，以及世间各种留恋牵挂所带来的悲伤，还有死者的亲友所要承受的打击跟思念。动物面对死亡也会感知到痛苦、恐惧、焦虑，不过在程度上可能比人类来得轻，内容也比较模糊。在这个意义上，辛格认为，一般而言人类的生命比动物的生命更值得保护与维系。也因此，在某些情况中，人类吃肉的利益，可以压倒动物活命的利益。

根据这些考虑，如果除了动物，没有其他的食物来源，那么人类为了活命，当然可以吃动物。因纽特人，以及其他一些游牧民族，由于环境的艰困或者生活方式比较特殊，动物几乎是唯一的食物来源，吃肉当然是可以容许的。只要平等地考量人类与动物的利益，就可以得到这个结论。

但是除了这类情况，如果人类吃肉是出于习惯，是因为口腹之欲，只是为了舌尖的美感，并不涉及自己的存活，这种利益跟动物的生命利益相比，跟它们在养殖、屠宰过程中所要承受的痛苦相比，显然不成比例。这时候，根据平等考量利益的原则，吃肉就是错的，人类不应该吃肉。这也是平等原则的逻辑结论。

那么我们是不是应该变成素食主义者，完全拒绝肉食呢？辛格在这里留着一种余地。如果使用传统的放养方式饲养少数动物，让动物按照天性觅食、交配，在比较开阔的自然空间里自由活动,最后用比较人道的方式宰杀食用,这种动物或许可以食用。但是这种肉显然不可能商品化,在工业化、都市化的环境里也不可能存在。何况现代人的食物选择非常充沛多样,宰杀然后食用自己养的动物并非必要。所以整体而言,虽然辛格愿意考虑少数例外的情况,他的主张仍然是一种涵盖肉类、蛋类以及乳类的素食主义。

说到这里,我想谈一个实践层面的问题。有一些人,知道肉类甚至蛋类跟乳制品等食物,都是用动物的苦难以及死亡作为代价的,但是由于种种原因,他们无法即刻转成素食主义者,完全放弃这些食物。对这种情形,我自己主张一种"量化"的素食主义,也就是把吃肉看成数量多少的问题,而不是绝对的吃或不吃的问题。我相信,如果设法减少吃肉,无论是次数的减少,例如每日三餐有一餐是素食,还是吃肉分量的减少,例如多吃蔬果少吃肉,不仅在量上减少了对动物的伤害,主观上也帮助了素食意识的普及。这种方式也许缺少道德的一致性,但我认为符合效益主义动物伦理的基本精神。

其实,吃肉除了对动物造成严重的伤害,还牵涉其他的道德问题,例如饲养这些肉用的经济动物,需要耗用全球谷物产量的60%~70%，但是世界上至少还有七亿人口在饥饿边缘苟活；富裕国家的人为了吃肉，用粮食养鸡养牛，贫穷国家的人民却连基本的口粮都不够吃。还有，在饲养过程中要耗费大量的水，浪费非常珍贵、有限的水资源；又如动物的排泄物释放巨量的甲烷，据估计在温室气体排放量中占了17%，甚至超过了所有交通工具排放废气的总和，是全球变暖的一个重要因素。这些问题都是严肃的道德问题，都是肉食者应该列入考虑的，篇幅有限就不多谈。在此我只是想要说明，由于辛格的道德原则是平等地比较人类跟动物的利益，看人类吃肉所满足的利益跟吃肉带给动物的痛苦与伤害哪一个更重要、更严重。因此他对吃肉的态度虽然保留了一些弹性，但他仍然坚信素食应该是保护动物的一般性原则。

二、该用动物做实验吗？

在吃肉之外，动物实验是辛格一直关注的另外一个议题。在这个问题上，他也保留了一些弹性。

一般人很少有机会走进实验室，通常不会注意到人类为了获得科学知识，为了在医药、美容、食品安全等方面开发、测试新的产品，要让多少动物受到折磨、痛苦以及死亡。这方面的统计数字非常不完整，但根据粗略估计，美国每年要使用8000万到1亿只各种动物做实验与教学，这中间包括灵长类、猫狗，以及老鼠、青蛙等。这个数字虽然只有食用动物的1%，但也足够惊人。在中国，2015年使用了约1200万只实验动物，并且随着医药生物科技的进展，这个数字每年约以15%的速度在增加。这三年，由于新冠病毒猖獗，可以想象医药研发产业所使用的实验动物数目也一定在急遽地增加。

在动物身上做实验，是人类利益跟动物利益冲突的另一个经典例证。为了替动物实验辩解，一般的说法是，牺牲一些动物，可以推进医学、病理学、生物学以及心理学的进步，可以开发更为有效的药物，还可以测试各类新产品的副作用，保障消费者的安全。这当然是值得的，在道德上也无可厚非。特别是在动物身上做实验，特意让它们罹患某些疾病，如果能找到特效的解药，往往可以拯救千千万万人的生命，不是很好的事情吗？

辛格认为，这个说法在事实上并不成立，背后的逻辑也大有问题。首先，就事实而论，动物实验的效用是不是真的像宣传的那么灵验、重要，还需要仔细推敲。辛格指出，一般的实验报告只会强调实验获得的成果，并不会描写实验过程中动物受到的折磨跟痛苦。这也很自然，因为对科学家来说，实验本身才是舞台上的主角，动物只是实验所使用的"器材"，它们的感受和遭遇只是"附带耗损"，跟实验的内容并没有直接关系，同时动物的痛苦也很难用科学语言量化，没有资格被写进实验报告。

另一方面，那些能公开发表的实验报告，通常也是成功获得了结果的实验。辛格引用早年英国政府一个委员会的调查结果，在英国，每年只有四分之一的动物实验报告能够被发表出来。这个说法显示，有相当比例的实验虽然使用了大量的动物，却并没有获得成果，或者其成果的学术意义跟实用价值非常有限，并不值得发表。

其次，很多人说，动物实验所获得的成果能够造福千千万万人，治疗一些疾病，甚至让他们免于死亡，所以用动物做实验在道德上就是对的。这个说法的逻辑也有问题。按照这个逻辑，直接用人类来做实验，更能符合人类的生理条件，不是更能保证效果吗？当然，除了一些恶名昭彰的特殊例子，没有人——包括科学家自己——会容忍用人类做实验，那么为什么觉得用动物做实验就可以呢？

显然,这中间正是人类中心主义在作祟,认为人类的利益优先,为了人类可以牺牲动物。这不就是赤裸裸的物种歧视吗?

辛格再三强调,他并不是说一切动物实验都是错的,都没有价值。但是他几次追问:在什么情况之下,用动物做实验是合理的、可以接受的?很多人会说,如果只使用极少数的动物,尽量减少实验过程中对它们的折磨,然后找到了某种仙丹灵药,可以拯救千千万万人的生命,这种动物实验也不被允许吗?

辛格的回答是:如果成本可以这么低,成果却又这么重要、宝贵,这种实验当然可以做、值得做。但是为什么一定要用动物做这种实验?辛格假想了一个情况:如果一个实验的结果真的能够拯救千万人的生命,为什么不找一个六个月大的婴儿,他的脑部严重损伤,已经成为植物人,他被父母抛弃,只能在特殊的收容机构里,靠机器维持他黯淡、短促的生命,然后用他来做实验?所有的人当然都会认为不应该!但是为什么不应该?不愿意牺牲这样的生命,换取千万人的健康,唯一的原因不就是这个婴儿属于人类吗?

所以针对"在什么情况之下,动物实验是合理的"这个问题，辛格的答复是：如果有某个实验，真的会带给人类重大的贡献，贡献大到你愿意用脑部损坏、心智能力跟动物一样的人类作为实验对象，这时候你就可以使用动物做这个实验。这个答案所根据的逻辑，就是利益的平等考量。不错，如果一项实验所能获得的医疗效益，远远高于实验对象所要付出的牺牲，这个实验就是合理的。但是要用动物还是要用植物人来做这个实验呢？假定这两种对象所要付出的牺牲是一样的，但我们还是不愿意用人类来做实验，那么根据平等考量利益的原则，就也不应该用动物做这个实验。辛格用植物人作为对照，并不是说真的可以容许用植物人做实验，而是要反衬出这类动物实验往往并不值得做。

辛格的这个论证，引起很多人的强烈反感，到今天还常有人对他当面提出抗议，认为他歧视脑部受损的人，甚至有人骂他是纳粹。辛格的确并没有绝对地反对用脑损的人做实验，但他也并不反对在成本如此低而成果如此重大的情况下做动物实验。他想说明的其实是，主张动物实验的人，往往会夸大实验的必要性，夸大实验的贡献，为动物实验找借口，掩饰背后的人类中心主义的成见。辛格指出，事实上几乎不可能有这么了不起的科学实验。

在这里，辛格已经超出了动物伦理的范围，开始检讨现代医学看重"医疗"却忽视"健康"的趋势。19世纪，英国人的平均寿命约为42岁，到了20世纪后期增加到了70多岁，支持动物实验的人，往往将这种进步归功于医学实验所带来的医药进步。但是有人指出，社会和环境的进步贡献更大，超过了医药本身的贡献。在美国，从1910年到1984年，人口死亡率降低了40%，其中大约只有3.5%可以归功于医药的进步遏制了十大传染性疾病。动物实验在这3.5%中所占的比例应该更低。何况说到最后，与其全心全力寻找治疗疾病的方法，为什么不把更多的资源投入国民的营养以及健康的生活方式中？

话说回来，辛格并没有一味地反对动物实验，而是要求对动物实验有所管制。他要求研究机构在做动物实验之前，先成立伦理委员会，审查实验的必要性，评估可望获得的成果是不是真的有意义、有价值，有没有顾及实验动物的利益，以及有没有考虑到改用其他的方式从事这个实验的可能性。这一点，在今天很多国家已经施行。早在20世纪60年代，英国科学家就提出了"三个R"的原则：第一是"Replace"，设法用其他的研究方法"取代"动物实验；第二是"Reduce"，使用的动物数目要尽量"减少"；第三是"Refine"，设法"改善"实验动物遭受的待遇，包括改善它们的生活环境，以及使用更为人道的实验手法。今天世界上很多国家都根据这三个原则立法，管理动物实验。各地的实验伦理委员会，也已经都接受了这些原则。辛格的诉求，跟这三个原则是完全吻合的。

《动物解放》一书集中探讨了养殖场的食用动物跟研究机构的实验动物的情况，没有谈到宠物、狩猎、毛皮产业，以及动物园、马戏团等其他动物的问题。这当然是因为相比起这些动物，经济动物和实验动物所涉及的动物数量更加庞大，因此辛格希望用这两类动物来说明他的伦理原则。毕竟，吃肉跟动物实验所牵涉的人类利益，不仅影响到的人口最多，也具有最高的正当性。如果辛格的伦理原则证明了吃肉跟动物实验在道德上是错误的，那么为了休闲，为了穿着时髦，为了娱乐而使用动物，就更难通过道德的检验了。这些问题，辛格留给读者自行思考。

这一讲谈到这里，下面要开始谈到另一位哲学家汤姆·里根。我们将先介绍他对辛格的批评，再进入他自己的动物伦理观点。

第 8 讲

汤姆·里根（上）：从辛格转到康德

在前面，我们用了两讲介绍彼得·辛格的动物伦理的观点。辛格的理论提出之后产生了非常广大的影响，《动物解放》这本书陆续被翻译成多种文字，即使在将近五十年后的今天，仍然不断为新的读者带来启蒙。他的理论能够产生如此强大的冲击，当然是因为它有足够的说服力。我们强调过，辛格的理论有两个特点。第一，他提出了一种特别低调的道德观：不谈心性修养，不谈形式的道德规则，转而关注个体生命的具体利益，认为痛苦跟快乐具有首要的道德意义，任何道德思考都要优先考虑个体所承受的利益跟伤害，这是一种非常接地气的道德观；第二，辛格的效益主义具有强烈的平等主义色彩，反对在不同人群、不同物种之间有所歧视，有差别待遇。这两点，正好呼应了我们的时代精神，也就是重视现实的利益跟伤害，以及平等地关怀所有个体的利益。因此，辛格的观点引起全世界无数读者的共鸣，不是没有道理的。将近五十年之后，辛格已经是世界上最有公众影响力的哲学家之一，他的关怀，也从动物扩充到了饥荒、世界范围的贫富不均、利他主义等议题，但是他的整体观点，依然遵循这两个基本原则。

《动物解放》在1975年出版之后，获得了大量的赞誉，却也受到了不少批评，我在此特别举出已经在2017年去世的美国哲学家汤姆·里根的批评为代表。里根在1983年出版了《动物权利的理由》一书，这本书称得上体大思精，从学院哲学的标准来说，我认为这是一本精心力作。虽然由于它深入了动物伦理学的精微繁杂之处，以致这本书对一般读者的影响不如辛格的《动物解放》，但是我相信这无损它的哲学价值。在动物伦理学的领域里，里根的观点有它特殊的意义，值得重视。

在《动物权利的理由》这本书里，里根一方面从哲学的基础层面上对辛格的理论提出了检讨，另一方面也发展出他自己的一套康德式动物伦理学。我们知道，在道德哲学的领域里，康德主义跟效益主义一直是泾渭分明的两个大传统，所以里根的动物伦理跟辛格的动物伦理也是针锋相对。通过辛格，我们对效益主义已经有了初步的认识，接下来，我会设法介绍康德主义的基本观点。不过需要先说明，由于康德主义跟效益主义的争论牵涉一些哲学问题，再加上里根对动物生命的想象要比辛格深入，他的理论也就更为复杂，所以进入他的理论要比辛格困难一些。我们要用两讲的篇幅，先介绍里根对辛格的批评，再说明里根自己的观点。他的观点，我认为，可以让我们对动物生命的想象更为完整，值得用心了解。

一、里根对辛格的批评

里根对辛格的批评可以归结为两点。第一点偏向概念上的厘清：里根认为，在辛格的眼里，动物的道德意义集中在它们的感受或者利益上，结果他忽视了动物本身。这是什么意思？里根举了一个例子：想象我们面前有几个盘子，每个盘子里都放着几颗水果，有些水果香甜好吃，有些水果苦涩难吃。从辛格的效益主义的角度来看，每一盘水果的价值，是由上面的甜水果跟苦水果的比例来决定的，至于盘子本身，那只是容器，并没有被列入考虑。回到动物，辛格的理论关心的也只是每个生命所感受到的痛苦跟快乐的比例，至于这个生命本身，只是盛装这些苦乐感觉的容器，并不具有任何价值。

你可能会说，这种批评是鸡蛋里挑骨头。痛苦跟快乐有意义，不正是因为有一个生命在感知这些苦与乐吗？可是辛格自己说过，生命本身无所谓绝对的价值；一个生命的价值，完全取决于他所体验到的痛苦跟快乐之间的比重，也就是取决于他的生活质量；越快乐的生命就越有价值，痛苦太多的生命也就不是那么值得活。里根的批评重点在此：正是因为价值完全由痛苦跟快乐组成，结果辛格只能看到痛苦跟快乐的比重，却看不出那个正在经历、感受这些苦与乐的主体本身有什么价值。

延续这一点，里根提出了对辛格的第二个批评：既然辛格把焦点放在利益的比较之上，利益的主人反而消失了，其结果便是辛格开启了残酷使用动物的方便之门，在某些情况之下允许吃肉，允许用动物做科学实验。如果用十只动物进行残酷、痛苦的实验，却能发明一种新的疫苗，阻止某一种致死的传染病伤害千万人，效益主义是允许的。辛格自己也举过例子，如果对一个恐怖分子施加非人的酷刑，逼他供出把核炸弹藏在纽约市的什么地方，结果阻止了一场人间浩劫，效益主义在原则上也是会认可的。

里根的这种批评，其实呼应着效益主义经常受到的一种指责，那就是效益主义不认为每个个体自成一个独立的单位，而是允许跨越个体，将众多个体的快乐和痛苦堆积、汇总在一起计算，并没有尊重个体之间的界限。如果伤害少数人，可以增加多数人的幸福，那么效益主义是不惜牺牲少数人的。个别的个体只是汇总起来，计算快乐跟痛苦之间比例时的单位之一；个体本身以及他的苦与乐，并没有绝对的地位。换言之，效益主义追求"最大多数生命的最大利益"，有可能牺牲掉某些居于少数的个体。如今辛格把效益主义的这个缺陷，带进了动物伦理学，看起来好像只是效益主义理论的自然延伸，因此对辛格不必苛求，但其实这是有严重后果的。前面说过，由于人类的生活内容比动物复杂，牵涉的利益更为多样，所能感受到的痛苦以及快乐更为明确、持久，即使没有人类中心主义作祟，人类的利益本来就很容易压倒动物的利益。一旦接受了辛格的观点，容许在人类跟动物之间进行利益比较，人类利益的重要性，势必压倒注定被认为不重要的动物的利益，最后倒霉的还是动物。

二、里根如何借用康德主义

但是回头想一想,辛格为什么要特别关注痛苦和快乐的感觉,却不把这些感觉的主人列入考量呢?那是因为他有所顾虑。他担心,一旦把感觉的主人也列入道德衡量,他们身上的特色,很有可能会影响我们的考量:他们是男是女、是黑人还是白人、是好人还是坏人、是天才还是笨蛋、人类还是动物,这些因素会赋予各个主体不一样的价值,结果我们就无法专门针对个体的苦跟乐等利益本身做平等的考量了。试想:古罗马的正义女神雕像,为什么要用布条蒙住双眼,不要看到诉讼双方是什么样的人?又比如,20世纪的哲学家罗尔斯,为什么要求设计正义原则的人接受"无知之幕"的隔离,不可以知道自己的真实身份跟利益是什么?这两个想法的用意,都是不要知道"你是谁",用"无知"来保证我们所做的决定是公平的。辛格的用意跟它们一样,也是为了要能够公平地考量当事者的利益。在辛格看来,一旦利益的拥有者现身,平等主义这道防线就会失守,动物的利益必定首先被迫让位给人类的利益。

里根虽然认同辛格的这种顾虑,但在他看来,辛格维护平等原则的做法，不仅违背了我们的道德直觉，并且可以说是因噎废食。他认为，个体本身作为个体的价值，跟个体身上的各种特色的价值，本来就是两回事。要维护平等原则，需要做的并不是完全忘掉个体本身，而是找到一种想象个体本身的方法，让个体本身自有其价值，并且这种价值跟他身上的种种特色无关，也就是把平等原则应用到个体，而不是只应用到个体的苦乐感受上。为了找到这样的观点，里根借用康德的主体观，发展他自己的康德式动物伦理学。里根与康德的观点的差别，后面会再讨论。在此，我先用里根所举的一个例子，说明里根如何设想个体本身的价值。

假设有一个富有的独居老人，年迈体衰，被各种病痛折磨，活得毫无乐趣；她虽然家财万贯，但是性格吝啬刻薄、暴躁易怒，从来不帮助任何人。她的侄子出于一片善意，决定把她杀死，一方面终结她的痛苦，另一方面用她的财产做公益事业，帮助社会上的穷人、病人、失学的儿童，增加他们的福祉。我们能同意这样的做法吗？

你的答案跟我一样，当然不能。我们认为，每个人都拥有其自身的价值，并且这种价值，跟他身上的各种特色并没有关系；即使这个人的特色和品格都是负面的，像这个例子里的老人，虽然又老又病又苛刻，活得痛苦而且来日无多，你还是得尊重她——但是尊重她什么呢？道德哲学和法理学常用到"人格"一词，正是要回答这个问题。我们认为，无论任何人，在他身上的各种特色之外，都还拥有一个"人格"；进一步，我们还会说，所有人的人格都是平等的。不管一个人活得快乐还是痛苦，长得漂亮还是丑陋，品格高尚还是卑劣，是圣人还是杀人犯，是国王还是乞丐，我们都得承认他有人格，并且他的人格跟其他人的人格是平等的，需要受到同样的尊重。换言之，一个人的人格，跟他身上的特色无关。这种从一个人身上的各种实质内容抽离出来的人格概念，最早是希腊的斯多葛学派提出来的，到了18世纪由德国哲学家康德发扬光大。

康德的哲学系统非常复杂、艰深，道德哲学也不例外，在这里没有办法详细介绍。不过我想用一个简单的方式，说明他的人格概念。

三、康德的人格概念

康德认为，人类跟动物以及其他事物的根本区别，在于人类拥有自由意志。这里所谓的自由，意思是说我的意志是根据我自己的理性决定的，不受外力的控制指挥，甚至不受我身上的欲望、性情、嗜好的影响。这类内在于我的因素，虽然在表面上看是"我的"，却并不是出于我自己的理性选择。最简单的例子，就是一个人想要戒烟，却总是不成功。没有人强迫他抽烟，抽烟的欲望确实是"他自己的"，却不是他自己的理性选择；无法成功戒烟，说明烟瘾剥夺了他的自由。但是事实上人类具有完全自主的意志，完全可以超越自己的经验自我，摆脱各种欲望、性向、嗜好的支配，这种超越了"我"的自我，康德称为人格。

人格既然是自主的，当然就不能把他看成供别人使用的工具，不能由别人来决定怎么用他，去达成别人的目的。所谓尊重一个人的人格，就是承认他自有其价值，这种价值内在于他本身，完全不涉及他对于别人有什么价值。回到上面例子里的老人，我们不能同意牺牲这位老人去帮助其他人，原因正是在于老人的生命自有其价值，不能只从她对别人的工具价值、从别人是不是喜欢她、能怎么利用她的角度看待她。人格维持住了每个人自身的价值，承认这种价值，就是尊重他的人格。

当然，在社会生活中，每个人都在各种行业的位置上扮演工具的角色。每个人都在发挥某些功能，让别人利用，也就是帮助别人达成他们的目的。我们能够发挥这些功能，是因为我们身上有这样那样的特色，例如体力、各种技能、知识，可以担任工人、医护人员、教师；我们有爱心跟耐心，可以照顾那些需要照料、陪伴的人；乃至于有生殖能力，可以生养子女繁衍后代；等等。这些特色跟角色都是有工具价值的，不过在工具价值之外，这些角色本身也很有意义，当然可以有非工具性的价值。事实上，在一般情况中，我们即使在发挥工具的功能，也不至于因此变成纯粹的工具。原因在于我们可以选择要不要担任某一项角色，我们可以因为自己认同该角色本身的价值，而投身其中，只要是出于自己的选择。我担任教师，却不是教书的工具；我担任厨师，也不是煮饭做菜的工具。但是一个人如果没有选择的余地，不能发挥自主的意志，那就只剩下工具价值了。如果一个女性被强迫怀孕生孩子，没有选择的余地，我们会说她变成了生育工具。奴隶被迫为奴，没有自由意志，连生命都没有保障，纯粹是主人的工具，他的人格也就被剥夺殆尽。

四、里根对康德的修正

里根大体上接受了康德的理论架构，但是也提出了批评，对其有所修正。比如康德认为人类自有内在价值，不能完全化约成工具，所根据的理由是人类拥有自由意志。里根指出康德的观点有两个问题。首先，许多人类并不具有自由意志：婴儿、智障人、精神病患者当然是明显的例子。他们并不具有完整的思考、选择能力，但是你能说这些个体没有自己的价值吗？

更重要的是，康德用一种高度理性主义的角度去理解自由意志，只有纯粹遵从普遍性的道德规则的动机，才符合他所谓的自由意。至于来自欲望、需求、情感等属于人性动机的决定，由于听命于身体或者心理上本能因素的强迫，例如饿了想吃饭，看到蛇会心生恐惧，失恋的时候会伤心，烟瘾发作的时候想要抽烟，便都不算自由意志；又或者为了特殊的目的或者利益而做选择，也不能算是自由、自主的意志。这种对自由意志的理解过于严格、狭隘，跟人类做选择以及决定的实际情况相去甚远。用康德的自由意志，去界定人格的内在价值，并不符合一般对人类生命的内在价值的看法，甚至剥夺了人性价值的许多表现方式。

在康德的基础上,里根希望进一步找到一种生命观,能够延续康德的观点,说明个体拥有自己的内在价值,但这种内在价值所根据的却是一种比康德宽阔的生命观,能够涵盖动物的生命。康德偏狭地认定动物只有工具价值,里根却要证明动物的生命跟人类一样,也具有自身的价值。

下一讲,我们就来介绍里根如何把这套想法发展成一套动物的伦理学。我想要说明,他的贡献在于发展了一种相当独特的想象动物主体的方式。

第 9 讲

汤姆·里根（下）：寻找动物的主体

里根在批评辛格之后，开始建构他自己的动物伦理理论。前面我们一再强调，辛格借用效益主义的架构，开辟了动物伦理学这个领域，赋予动物伦理学两个任务：第一，要设法说明动物跟人类一样有利益可言，并且人类的道德思考必须关注动物的利益，不能把动物排除在道德考量的范围之外；第二，要为动物的利益争取到平等的地位，不能总是人类的利益优先，动物的利益在后。里根完全认同辛格的这两个要求，但是他认为辛格的理论有所不足：谈动物的道德地位，不能仅停留在利益的层面上，而是需要找出利益背后的主人，要把动物的道德地位建立在这个主体本身上面。里根在这一方面的努力，是他的独特贡献所在。

确实，就人类而言，我们不会只谈一个人的利益，却不关心这个人本身；利益的主人，地位当然要比利益更优先。每个人都应该拥有一种自身的价值，跟他过得快乐还是痛苦，跟他在别人眼中有什么优点、缺点，跟他的身份、地位、能力、相貌，甚至他的道德成就、社会贡献，都没有关系。这样的一种"个人"，他的价值并不是来自他身上的属性，却又被认为具有最高的价值，需要受到高度的尊重。我们平常说的"人格高于一切"，就接近这个意思。个人的这种极其抽象的价值，在上一讲介绍康德时已经谈过，当时我们称之为"内在价值"，但是里根认为，"内在价值"还是一种具体有形的价值，不足以表达这种主体的绝对抽离特性，所以他现在改用"固有价值"（inherent value）一词，把"内在价值"（intrinsic value）保留在具体的经验层面。坦白说，无论在中文还是英文里，这两个词的区别都有些模糊，但我希望下面的解说能有一点帮助。

一、什么是"固有价值"?

"固有价值"这个概念并不好掌握,不过里根提出了一套关于"价值"的分析来帮助说明什么叫作固有价值,我认为是有意义的,值得大家了解一下:

> "价值"泛指任何值得追求、推崇的事物。伦理学里的价值理论,通常把价值分成两类:一个事物之所以有价值,可能是因为它本身即是一种价值,也可能是因为它乃是追求或者取得其他价值的工具。

里根称前者为"内在价值"(intrinsic value),后者为"工具价值"(instrumental value)。

让我们举一些例子。高超的体能表现,纯洁善良的个性,壮丽的自然景观,伟大的艺术作品,以及我们推崇、仰慕的许多事物跟品质,都具有内在价值。这些事物本身就构成了价值,值得被肯定、推崇,甚至敬畏,跟它们能带来何种有价值的后果并没有关系。例如,爱情的价值并不在于滋润了心灵,也不在于促成了婚姻与家庭;万里长城的价值不在于国防效用,也无涉于观光收入;声乐家荡气回肠的歌声,其价值不在于为听者带来了快感,更不能用票房的收入去衡量。在这个世界上,很多事物都可以带来附加的各种效益,但它们本身的价值并不依托在这些效益上。这种本身的价值,就是它们的内在价值。

相对于内在价值,工具价值则寄身于一件事物的工具效用上,从它所服务的目的、所产生的后果来取得价值。譬如汽车的价值在于代步,国家的价值在于保护人民,医师的价值在于拯救病人的生命,化妆品的价值在于美化容貌。通常,一件事物可以同时具有内在价值跟工具价值,例如可以为了知识本身而追求知识,也可以因为知识所带来的各种效益而肯定知识是有价值的。人世之间,只具有工具价值而完全没有内在价值的事物不算多但是可能也不少,我留给各位自行举例。

但是里根别开生面,认为在工具价值跟内在价值之外,还有第三种价值,就是"固有价值"(inherent value),典型的例子就是康德所谓的人格尊严。这个说法背后,有一套关于"人"的形而上学的图像:一个人的经验、能力、言行、特质、成就,无论就个别或者总和而言,都不会等同于、穷尽了他这个"人格";相反,他是以主体的身份拥有、表现,或者领会、达成这些经验跟特质的。这也就是说，一个人本身，永远要比他的经验、特质、能力、成就之总和多出一点点，但是这个"一点点"是什么，用内在价值或者工具价值的语言永远无法捕捉。里根提出"固有价值"，就是要捕捉这个神秘的"一点点"。

里根费力去构建如此抽象的一种价值，目的何在呢？首先一个原因，就是他希望掌握住我们的一项道德直觉：人格具有至高的尊严。就像我们在上一讲中提到的那位老人，虽然她对任何人都没有实际的用处，身上也没有任何值得尊敬、推崇的品德，但是她的人格包括她的生命权利，仍然应该获得尊重，不能被任意侵犯。这位老人的价值，用内在价值或者工具价值的语言都很难表达，只有固有价值这样的抽象概念，能够捕捉。

其次，更为关键的一个原因就是，里根认为，只有固有价值，才构成了平等的真正基础：不同的人，随着能力、修养、成就、贡献等等差异，显然会有不同的内在价值和工具价值。但是所有人的固有价值都是一样的：任何个体，只要具有固有价值，他的固有价值就跟其他个体的固有价值是一样的。一个人的固有价值与生俱来，从婴儿到老年不会改变；不会因为做了什么好事而增加，也不会因为做了什么坏事而减少；更不会因为他对别人有用还是没用的程度而有所增减。固有价值为什么具有这种"绝对"（categorical）的性质呢？那是因为固有价值本来就无形无体，并没有种类或者程度的区别，因此固有价值根本不可能有高低贵贱之别，也没有大小多少之分。里根强调，人类平等的真正基础，就是所有人的固有价值都是一样的；我们一般所谓"人格平等"，无分圣贤、才智、平庸、愚劣，不就是这个意思吗？里根费了很大的力气说明"固有价值"这个概念，用意在此。我相信，在今天这个普遍承认人格平等的时代里，他的说法正可以帮助我们认清人格平等一词的真义。

二、动物有固有价值吗？

回到动物伦理，里根接着要回答的问题是：动物具有固有价值吗？

在一般的想法中，只有人类才拥有固有价值，因为只有人类才拥有理性、自主性等等，才说得上有人格。可是前面已经说过，婴儿、智障人、精神病患者，虽然在这些方面有所残缺，但是我们不会否认他们也有人格，或者贬低他们人格的价值。用康德的话说，我们仍然要把他们看成"目的自身"，不能把他们当成工具或者资源去使用。里根因此提出了一个想法：在这些智能不足的人类跟一般常态的人类之间，显然有一个共同点，迫使我们不能把他们看成工具或者资源，这个共同之处就是——他们都是**"生活的主体"**（the-subject-of-a-life）。什么叫作生活的主体？这又是里根独创的一个概念。他的解释有点拉拉杂杂，我的翻译也有点别扭，但是简单说，一个个体，只要多多少少有意识地活着，在他身上发生的事情会让他的生活过得比较好或者比较坏，他多多少少会在意，他就是自己生活的主体。

很明显，里根这个"生活的主体"的概念并不严谨，严格说来问题还不少，应用的时候也常有模棱两可的地带。例如植物人是否还算他自己生活的主体，我不敢确定。但即使如此，他认为这个概念有其重要的意义，并不需要太追究细节。他常用的一个说法是：一岁以上的哺乳类动物都是自己生活的主体（不过他并没有说未满一岁就不是生活的主体，或者非哺乳类就不是生活的主体）。因此，绝大多数的人类，包括婴儿、智障人、精神病患者，以及人类使用到的许多动物，包括食用动物、实验动物，都不仅仅是生命，更都是他们自己生活的主体。他们不但能感知自己的生活过得好不好，并且会在乎这些感受。在另一方面，花草树木、马铃薯、单细胞生物，以及癌组织虽然也是生命，却并没有"生活"可言，更说不上是"生活的主体"。换言之，"生活的主体"这个概念，涵盖了非常广泛的范围，它虽然漏洞不少，但是它所包容的对象跟它所排除的对象之间，确实有着真实的差异，所以这个概念并不是无的放矢。

三、固有价值永远是平等的

里根提出生活主体这个概念，是为了判断谁拥有固有价值。他的答案是，任何个体，只要是自己生活的主体，就拥有固有价值。毫无疑问，人类当然都是拥有固有价值的。但是里根进一步主张，即使是动物，只要是生活的主体，能感知自己生活的片段状况，就拥有固有价值，并且它们的固有价值跟人类完全一样。这个道理其实很明显：动物跟人类当然有非常多的差异，但是这些差异都可以归类到内在价值或者工具价值层面上；我们甚至可以向独尊理性的人让步，单凭拥有理性这一点，就可以证明人类的内在价值和工具价值都要比动物来得高。但是这一点，完全影响不到动物的固有价值。不要忘记，固有价值跟内在价值、工具价值是完全不同的范畴，并且不可能换算或者化约成内在价值或者工具价值。简单说，一个个体的固有价值，跟他属于什么物种毫无关系。所以，无论是人类还是动物，只要符合了生活的主体这个标准，就拥有固有价值，并且他们的固有价值是无差别的、平等的。

经过这样一番概念上的梳理，里根的动物伦理学可以说是水到渠成。我们都承认人类个体的人格应该获得尊重，按照里根在上面所发展出来的诠释，所谓尊重人格，意思就是尊重一个人的固有价值。那么怎么样叫作尊重固有价值呢？简单地说，就是不能用他的内在价值或者工具价值做借口，去伤害他的固有价值。回到上面提到的老人，她又老又病、个性冷酷、刻薄，身上的内在价值实在乏善可陈；但是她家财万贯，可以拿来帮助许多有迫切需要的人，也就是说她的工具价值很高。但即使如此，她仍然拥有跟其他人一样的固有价值，为了尊重她的固有价值，我们不可以伤害她。里根的动物伦理学，不过就是把这个尊重固有价值的原则，扩展到了动物而已。

因此他主张，人类不能因为动物没有理性、没有道德意识，或者存在其他内在价值的短缺而伤害它们，更不能用人类的需求作为理由，把动物当成食物、当成科学研究的材料、当成观赏的对象和解闷的玩具。里根反对吃肉，反对用动物做实验，反对狩猎，当然也主张废除动物园、马戏团。在这些方面，他称自己的立场是"绝对禁止论"，绝对反对使用动物。但是他也承认，动物的生命内容毕竟没有人类丰富。在某些情况之中，如果必须牺牲动物的生命才能保住人类的生命，还是可以牺牲动物的。这个问题比较复杂，在此先搁置。但是在另外两个方面，里根的观点特别容易引起争议，值得稍做介绍。

四、争议与贡献

里根自己承认，由于他所谓的固有价值是个体所拥有的，因此他的理论是一种个体主义，也就是说，他的动物伦理所关注的是个别的动物，而不是动物所属的物种。我们后面会谈到，动物伦理学的主流一向偏向个体主义，辛格是一个例子，下面要谈到的纳斯鲍姆也是。但是里根把这个问题挑明来谈，便必须面对一些棘手的问题。例如一般的动物保护行动，会特别重视濒临绝种的动物，以及珍贵稀有的动物，担心这些动物会灭绝。这时候的着眼点，显然偏向物种的保存。里根相反，他不认为这两类动物比一般的动物更值得重视。他当然主张保护这两类动物，也支持相关的政策，但那不是因为它们濒临绝种，或者十分珍稀，而只是因为它们是动物，拥有跟其他动物一样的固有价值，都应该受到保护。

从这个角度看，他也指出所谓"野生动物管理"，应该是管理人类，防止人类伤害野生动物，特别是防止人类侵夺、破坏野生动物的栖息地，而不是去管理野生动物本身。里根深知野生动物之间的弱肉强食，所谓"大自然的牙齿跟爪子是血红色的"，在原野的生存非常艰难困苦，但他仍然主张对野生动物采取不介入的放任态度。他的理由不难想象：既然各种动物的固有价值是平等的，人类根本无法判断在它们发生冲突、弱肉强食的时候，应该采取什么样的管理政策。

基于他的个体主义，里根和环保主义也有理论上的距离。环保的论述相当多样,有一些完全以人类的利益为本，为了人类的存活而保护生态环境。这种主张基本上是人类中心主义，跟动物伦理的距离太大，在此不论。但是也有许多环保论述采取的观点是生态主义，也就是把环境看成有机的生态系统，在其中气候、土地、山川、河流、植物、动物以及人类相互依赖，形成完整、均衡、可持续的体系。保护生态，就是要维护整个体系的完整，其中的个别单位并不具有优先的地位。因此，如果有必要，是可以牺牲大量的个别动物的。里根显然不会认同这个观点。

动物伦理乃至于动物保护运动，是不是一定跟环保理论冲突，到了下面介绍纳斯鲍姆的时候会再讨论。现在我想回到里根的动物伦理，提出一点自己的看法。

里根称自己的观点为"绝对禁止论"，要求人类放弃现有一切使用动物的方式。很明显，这在现实中几乎完全不可行。因此，如果用"可行"去评价一种道德理论，里根的理论并没有太大的意义。不过在两个方面，我认为里根的贡献很大，他的理论并不是白费功夫。

首先，里根提出"固有价值"这个概念，认为许多个体生命自有他本身的价值，需要受到尊重，跟他身上的内在价值或者工具价值都没有关系。我们说过，这个观点符合"人格不可侵犯"这个基本的道德直觉。不过我们平常真的对所有人的基本人格都平等看待吗？我们难道不会根据一个人的财富、地位、品格、成就、贡献去评价人吗？即使用到人类身上，里根的想法都堪称一种彻底而激进的人格平等论，逼使我们更认真地看待人格平等这个理想，思考如何设法落实。如今里根把这个概念扩展到动物身上，虽然惊世骇俗，但我十分珍视所有人类的"人格平等"这个理想，所以我不会轻易就排斥这个理想对动物也适用的可能性。其实，在某些人跟某些动物的互动之中，例如爱猫爱狗的人跟他们猫狗的关系，几乎赋予了这些小动物完整的人格，彼此平等互动。在这里，我似乎观察到了这个理想的某种雏形。

其次，里根提出"生活的主体"这个概念，我认为丰富了动物伦理的视野。辛格所发展的动物伦理学，把焦点放在动物所承受的苦难上，人类对待动物的是非对错，要看给动物制造的痛苦是多还是少。这是很重要的出发点，可是动物的生命当然不只是痛苦跟快乐；辛格用"利益"一词，似乎也希望涵盖痛苦和快乐等经验之外的其他生命内容。但是"利益"所能涵盖的范围仍然有限，并不能关照到动物生命的多个面向，特别是各种生命活动本身，例如成长、繁殖后代、游戏、社交等等。换言之，我们需要找到更为丰富的概念，尽量根据动物的完整生活去设想动物的生命。这时候，把动物设想成生活的主体，而不只是由感受所组成的生命，然后进一步设想生活的具体内容，动物的生命就更为真实、丰富了。

这一步怎么走，哲学家纳斯鲍姆从另一个哲学传统提供了很好的示范，我们将在下一讲探讨。

第 10 讲

纳斯鲍姆（上）："能尽其性"的动物伦理

到目前为止，我们介绍了彼得·辛格以及汤姆·里根这两位哲学家所发展出来的动物伦理观点，接下来，我要介绍哲学家玛莎·纳斯鲍姆关于动物的思考。在进入纳斯鲍姆的理论之前，我想暂停一下，先说明为什么要特别挑选这三个人作为动物伦理的代表来接续着讨论。一部分原因当然是，他们三位在这个领域里的影响力较大，只要谈到动物伦理学，通常都会去介绍或者批评他们三家，所以我们需要对他们的理论有一些认识。另一个重要的原因是，他们三位的理论架构分别来自效益主义、康德主义，以及亚里士多德思想，这是西方伦理学的三大源流，介绍这三种源流所产生的动物伦理观，让读者（特别是非哲学专业的读者）鸟瞰整个领域的地势，当然有其意义。但是除此之外，我还有深一层的理由，这牵涉了我自己很关心的一个哲学性质的问题，那就是：我们应该用什么样的概念去设想动物的生命？动物伦理的出发点，就是动物具有独立的道德地位，它们的生命具有道德意义，人类如何对待它们是有道德上的是非对错可言的。因此，动物伦理的各种理论，实际上也都是关于**动物生命的不同想象**，借此指出动物生命具有某一项关键特质，而因为这一项特质具有明确的道德意义，所以人类必须用合乎道德要求的方式去对待动物。

辛格、里根、纳斯鲍姆三位的理论，可以看成是这个问题的三个答案。有意思的是，这三个答案形成了三个接续推进的阶段，经过这三个阶段，我们想象动物生命的方式变得更为有血有肉，更为真实，从而动物伦理对我们的要求也会更为复杂、具体。

一、想象动物的三个阶段

让我们回顾一下，在辛格的理论中，动物身上让我们关心的是什么？是动物能够感知到痛苦。动物感知痛苦的能力，赋予了它们道德的地位。因此，人类负有道德的义务，不要给动物制造痛苦。这种设想动物的方式当然没有错，可是它显然有所不足。不足在哪里？里根给了简洁的答案：我们不可以只关心动物的感受，却忽略了动物本身。动物的痛苦之所以需要我们重视，岂不正是因为背后有个生命在承受这些痛苦吗？辛格当然不会否认这一点，可是在他的理论中，一个生命的价值，完全取决于这个生命所感知的快乐与痛苦之间的比例。从这个角度去思考，可能会牺牲一些动物，比方说，由于动物对痛苦的感受并没有人类面临重病时的痛苦严重，所以可以拿少数动物作为医学实验的材料，为人类开发疫苗或者药品。换言之，这些动物的生命本身并不具有价值，并不需要列入考量。

里根不只在这一点上批评辛格，也设法在理论上弥补辛格的疏漏。因此他提出了"生活的主体"这个概念。他的一个说法是：多数一岁以上的哺乳类动物都具有一定程度的意识活动，包括欲望、信念、知觉、记忆，它们会有恐惧、喜悦、愤怒等情绪，它们能够采取行动追求想要获得的目标；换言之，这些动物并不只是一堆感觉的组合，而是在经历、体会这些感觉，可以说是这些感觉的主人，对这些感觉有所回应，这些感觉对这些动物是有意义的。里根为了要划分感觉跟感觉的主人之间的区别，不能让主人变成只是一堆感觉，所以他设定了"生活的主体"这个概念，从而使得一个生命的价值并不局限在他所体验到的快乐以及痛苦，而是在这个感受者本身；身为自己生活的主体，在里根看来才是动物身上要求我们公平对待的特质。

纳斯鲍姆并没有直接批评里根"生活的主体"的概念，但是我认为，里根所描绘的动物生命的图像还是有所不足。他所描绘的动物生命，分成"生活的主体"跟"生活的内容"两个部分，但是他所谓生活的主体，用他自己的话来说，仿佛是设置在具体生活的后面（或者上面）的一个"设定"，是推论出来的；至于这个主体跟生活的众多面向以及具体内容，究竟有什么样的有机的互动和整合，他并没有说明。这可以分成两个方面看：一方面，从逻辑上说，里根认为个体生命需要有一个主体在生活，并且这个主体有其自身的固有价值，不能化约成他所谓的内在价值或者工具价值，以免跟后两者一样，可以被比较出价值的高低，结果"一切生命都平等"的理想就无处落脚了。但是坚持这种平等的代价，就是他所谓的主体要完全抽象和空洞，不能有任何具体的内容。显然，里根想要把康德的"人格"概念延伸到动物身上,但是当初康德就只能把人格当成"设定",结果里根也重蹈覆辙。

另一方面,里根提出的生活的主体存在的证据,即他所谓一个生命拥有主体性的判断标准,无论是感觉、信念、意志、记忆,还是做选择,都偏向心灵或者心智的范畴。但是如果只从这个角度去想象生活的主体的活动,那么动物作为生物跟肉体的这一面,显然就被遗忘了。

我认为,纳斯鲍姆在这个问题上推进了一步。她所设想的动物生命,比里根来得完整、系统,更有真实感,因此这种生命图像所蕴含的规范要求,也更为踏实,这是纳斯鲍姆对动物伦理学的贡献所在。

二、纳斯鲍姆与能力论

纳斯鲍姆是一位美国哲学家,她著有二十余本书和大量论文,涵盖的领域包括古典哲学、政治哲学、法律哲学、文学,她还从各种情感入手探讨道德心理和政治价值的关系,比一般哲学家的讨论范围更宽广。她也经常介入各方面的公共讨论,在学院之外拥有很高的知名度。她的学术本业是古典哲学,尤其着力于追问以生命的脆弱和无常如何可能追求"美好人生"。后来她用亚里士多德关于美好人生的"致善论",补充诺贝尔经济学奖得主阿马蒂亚·森对罗尔斯的批评,进一步同阿马蒂亚·森一起,发展出了一套他们称为"能力论"的政治哲学,对当代政治理论中的正义理论、经济学里的发展理论都颇有影响。纳斯鲍姆接着又把这套理论移植到动物伦理学的领域,为动物伦理开拓了一个新的方向。

能力论是什么?根据纳斯鲍姆自己的形容,当你用心地注意一个生命,你的心里会生出惊叹,感到一种敬畏,联想到生命是有其尊严与价值的,因此希望眼前的这个生命能够活得好,不忍心看到他遭到戕害、折磨,甚至横遭死亡。这种大家可能都体验过的道德震撼,这种面对生命时的特殊感受,给她提供了灵感,启发她发展出能力论。我们可以从这里着手,切入这个理论。

能力论是一套想象生命历程、评估生活品质的哲学理论。它借用亚里士多德的观点,认为生命并不是静态的事实,而是一种动态的成长过程,在过程中逐渐实现它潜在的本质,展现它的本性;一个生命若是能够充分发挥其禀赋本性,就构成了所谓的"美好生命"。这个想法,一般被称为亚里士多德的"至善论",在此我借用陈祖为教授的译法,译作"致善论",据陈祖为教授的说明,取其"趋向""走向",并没有"至善"或者完美无瑕的意思。在中国的传统观念中,《中庸》所说的"能尽其性",可能也是想要表达这个意思。

但是请注意,这里所谓的"展现本性",并不是中性的生物学或者生理学概念,而是一种带有价值含义的目的论形而上学。生命向着目的进展,它的目的就是实现它的本性,把它天赋的可能性活出来,因此实现的成败程度,决定了这个生命本身的成功还是失败、活得好还是活得不好。两颗橡树的种子,落地发芽、生根成长,最后长成两棵橡树,固然都算是实现了种子的本性,也就是把它们天赋的潜能化为现实。但是假如因为两颗橡树种子所落的土地土质不同、环境的好坏不同,结果一棵橡树长得高大茂密,另外一棵却营养不良,又经常受到病虫害侵袭,生长的情况很差。这时候,我们会说前一棵橡树活得好,不只是植物学生理意义上的好,也是价值意义上的好,因为它把橡树的潜能发挥得更丰满、更成功。能力论从这种角度,对生命的品质做价值判断,所谓活得好还是坏,意思是说前一棵橡树所实现的本性更饱满,更活出了橡树应该有的样子，达到了它的生命的最好或者说"至善"的状态，这便是它的生命的价值所在，所以我们可以欣赏这棵树，为它感到高兴。至于后一棵橡树，由于缺乏营养，受到病虫害侵袭等等因素的干扰，结果无法充分实现它的本性，所以我们说它活得不够好，为它感到惋惜、遗憾。

这个例子当然很简略，但是它说明了能力论的基本观点。能力论认为，每个物种，都有它独特的、有价值的状态跟活动，这就是个体最值得重视、呵护、支持的成分，这些状态能不能好好维系，这些活动能不能顺利进行，决定了这个个体活得够不够好。拿人类来说，一个人的生活需要具备哪些起码的内容，才算是活得好，活得像个人的样子，称得上值得活呢？大家都会同意，一个人必须在肉体、精神、心智、情绪各方面维持健康的状态，需要自由的活动，需要思考和发挥想象力，需要去分辨真假、是非、善恶，需要交朋友，需要劳动和工作，也需要休闲以及娱乐，还需要参与社会的公共生活。所谓"理想的人生"或者"像样的人生"，至少要包含这些项目。这些状态与活动如果没有达到一定的水平，或者根本被剥夺了机会，一个人的生命就出现了缺憾；拿掉任何一项，他的生活就平白少一块有价值的成分。这时候，他作为人的天性没有获得充分的表现，他没有过上作为人应该过的像样的生活。这样的生活，对当事人来说是一种剥夺、一种损失，就像上面说的发育不良的橡树，他自己和别人都会为此感到惋惜、遗憾。

这样一种对人类生命的想象，构成了能力论的出发点；它列出了人类生命中一些意义重大的状态与活动，由于实现了这些状态与活动，一个人的生活才称得上是人的生活、好的生活，纳斯鲍姆称之为"美好生活"。"美好生活"一词来自亚里士多德，英文哲学界普遍用"the good life"一词，纳斯鲍姆也不例外；中文哲学界在翻译的时候，通用"美好生活"这一词。但是"美好"似乎陈义过高；我觉得用"像样的生活"来形容，或许更能表达纳斯鲍姆的意思。无论如何，能力论设定了这样一种关于生命的理想，并且赋予它规范的效力。

但是要活出这样的生活，显然需要具体的条件和资源。能力论作为一套政治哲学，不能只标举出理想的人生应该具备什么内容，而是必须追问，如何在现实制度上落实这些内容。因此，一个人是不是活得好，要看他有没有**资源**去维持身体和精神的健康，有没有**能力**去从事思考、行动，去判断是非真假、培养和表达情感，以及有没有**机会**去从事社交，去参与劳动和社会的公共生活。显然，如果没有安定、安全的生存环境，饮食以及营养都严重匮乏，得不到基本的医疗与教育保障，思想和言行受到管制，在社会上又遭受着制度性的歧视，那么所谓实现身为人的本性，活出人类应该享有的生活，那是不可能的。但关键所在，不仅是被动地"给予"或者"拥有"这些资源、能力跟机会，还要主动地"使用"这些工具去生活。切记："生活"**是动词**；能力论所谓的"能力"，正是指当事人如何主动地利用、使用各种必需的资源、条件和机会，从事生命的各项重要活动。纳斯鲍姆列出了详细的能力清单，相当具体地描绘一个社会应该提供的环境、资源以及条件。这份清单，构成了能力论的正义理论。

三、动物能力清单

但是纳斯鲍姆不但针对人类开出了能力清单，她还把能力论延伸到其他动物。这种延伸，其实理所当然：如果人类的生活必须包含某些重要而有价值的活动，才称得上好生活，同样的道理为什么对动物就不适用？动物当然也有生活，多数动物的生活，显然也有好坏之分，显然也需要包含一些对动物来说重要而有价值的项目，才能算是活得好。事实上，"美好生活／像样的生活"或者"活得好"这个概念，并不是人类的专利，而是适用于多数物种。当然，人类的美好生活所要求的内容，跟猫或者猪的美好生活所需要的内容不会一样；但这不表示猫或者猪的生活就没有好坏可言，而是说明了美好生活的具体内容，会随着物种不同而有所变化。换言之，美好生活是一个从属于物种的概念，英文是"species-specific"，因此人类有属于人类的好生活，动物也有属于它们各自物种的好生活。在上面，我们简单地举出了一些人类的好生活的必要内容。那么我们能不能也举出动物的好生活所需要的项目呢？

由于"动物"是一个广大无比的范畴，所涵盖的物种太多，把"动物"当成一个单位去设想好生活，几乎是不可能的。飞禽、走兽、水族动物，在生活方式上相差太大了，群居动物跟独行动物、胎生动物跟卵生动物，又是完全不同的生命形态。但话说回来，人类也有很多种，有年龄、性别、族群、文化等各个方面的不同，但我们在上面所举出来的各种能力，是人性的基本共同需求，因此还是能适用于绝大多数的人类。同样的道理，也许我们可以缩小范围，只针对跟人类关系深、互动多、容易受到人类伤害的动物，在最基本的层面上来思考动物的好生活。毕竟，多数动物之间还是有一些共通的需求，可以找到一些它们在生活中都需要具备的生命能力，从而帮助我们设想如何对待动物，避免妨碍了它们按照天性生活的机会。

纳斯鲍姆列出的动物能力清单，跟人类的清单大致类似。动物跟人类一样，所谓的生活都包含继续活命，维持身体的健康，使用天赋的心智能力，保持情绪的安定和愉快，跟同类互动，能接触到大自然，能够游戏，栖息地环境不被侵占破坏，等等。为了在生活中进行这些必备的活动，随着物种的差异，动物所需要的资源、能力与机会，也是多样的。在此我们不去介绍纳斯鲍姆所列出来的具体细节。但是即使不谈动物需要什么样的生活条件跟生存环境，我们也完全清楚动物**不需要**什么，而这些负面的做法，却正是人类对待动物的实际情况：从屠宰场到动物园、水族馆，从养鸡场、养猪场、畜牧场到大学里某些科系的动物实验室，从山林河谷的开发到海洋的"塑料化"，从环境的污染到全球变暖，人类所有涉及动物的设施和做法，都在阻止动物按照天性生活。许多人对待动物的方式，几乎完全违背了它们的天性所赋予相应的需求。不错，人类念兹在兹的是追求自己的"美好生活",但是为什么"美好生活"这个概念,或者更为朴实的"活得像样"这个概念,到了动物身上就注定要被剥夺呢?

在这一讲开头提到,之所以特别挑选出辛格、里根与纳斯鲍姆三者的理论,原因之一是我自己心里关注的一个问题:应该用什么样的概念去想象动物,最能掌握动物生命的道德意义?从辛格的"感知痛苦"出发,经过里根的"生活的主体",到纳斯鲍姆的"活出天性所赋予的生命样态",可以看到所谓的"动物的生命"逐步变得更为丰富、饱满,动物的个体生活取得了更为鲜明、具体的道德意义。在下一讲,我们会讨论纳斯鲍姆理论所衍生的几个难题,顺便澄清动物伦理对这些难题的看法。但是无论如何,纳斯鲍姆用"能尽其性"的思路设想人类与动物的生命,我认为值得重视。

第 11 讲

纳斯鲍姆（下）：能力论衍生的几个问题

　　能力论从动物的自然天性出发，指出动物的美好生活在于"能尽其性"，也指出了多数物种的"尽其性"包含了哪些起码的内容，以及这样的生活又需要哪些条件来配合。从这里，能力论推导出人类对待动物的方式所应该遵循的原则。这些原则不难想象，包括不要伤害动物的生命，不要虐待动物，不要剥夺动物各种出于天性的需求，不要破坏动物的栖息地，等等。但是纳斯鲍姆本人也看出，从这种角度思考动物的权益，牵涉一些棘手的问题，而一般的动物伦理对此都较为忽视。她的观点正好给我们一个机会，继续探讨这几个延伸的问题。

一、关心个体还是物种？

首先就是，动物伦理学所关心的对象究竟是个体还是物种？前面介绍的辛格以及里根，都把个体动物当成道德关注的焦点。辛格认为判定有没有道德地位的起码标准，就是感知痛苦的能力，只要具备这种能力，个别的动物就成为道德关注的对象。至于它属于什么物种，从这个标准来看并没有什么意义。不错，不同物种的动物，感知痛苦的方式与程度都不一样。所以如何对待它们，也需要有所区分，不过这并不妨碍它们都进入了道德领域。我们必须根据一个动物感知痛苦的程度，决定如何对待它，但是这是一个技术层面的问题，至于它属于什么物种，在道德上并不具有直接的意义。

在讨论里根的时候，我们也指出里根比辛格走得更远。他用"生活的主体"界定道德地位，而因为"生活的主体"本身并不具有任何特色，所以也就跟这只动物所属的物种没有关系。里根将动物的道德地位建立在"生活的主体"上，目的是保证所有生命的平等，结果物种就从他的道德地图上完全消失。也因此，日后他跟生态环保主义一直争论不休。

对这个问题，纳斯鲍姆的观点比较暧昧。我们说过，一般而言，环境伦理跟生态伦理都倾向于整体主义，以整个生态系统为着眼点，这里面包括各个物种之间的相互依存关系。由于物种对于维系生态系统的平衡跟完整关系重大，所以物种有其价值，需要保存。至于个体动物的福祉跟生存，在环境伦理和生态伦理看来是次要的。在有必要的时候，例如某个族群的数量过多，破坏了生态系统的平衡，就可以对其进行屠杀减量。但是从辛格、里根这类动物伦理学的主流来看，物种只是许多个体的集合，是一个抽象的概念，本身既不会感知到痛苦，也没有具体的利益可言，物种的存亡也就说不上道德意义。换言之，动物伦理学从开始就采取个体主义的进路，也因此一直与环境伦理、生态主义发生冲突。面对这个问题，我们无妨问问自己，你认为物种重要吗？需要像保护个体一样加以保护吗？

纳斯鲍姆继承了动物伦理学的个体主义传统，将个体的遭遇看成道德关注的焦点。毕竟，活得好不好、生命的质量如何，只有对个体才有意义。个体会受到伤害，至于物种即使有所谓的伤害，例如濒临灭绝，那也是经由个体的无法生存而造成的。说到最后，纳斯鲍姆的看法是：一个物种是昌盛还是濒临灭绝，从希望自然界多姿多彩的美感角度，或者科学求知的角度，甚至不忍心看到某种动物灭绝的广义伦理角度，都可以有意义。但是物种本身并不是生命，也就无所谓本性的实现遭受挫折，因此并不会构成道德的问题。

这个想法是不是有点极端？纳斯鲍姆本人也有些犹豫。她表明自己关于物种延续问题的说法还在试探阶段，并不奢望让生态主义跟环保主义者满意。

话说回来，物种在纳斯鲍姆的理论里面所占的地位，毕竟要比辛格以及里根所承认的高出很多。前面说过，所谓"像样的生活"或者"过得好"，都从属于物种的概念，会因为个体所属物种的不同，而有不一样的内容。因此纳斯鲍姆主张，不同物种的个体，本来就需要不同的待遇。其实这是各种动物伦理学都会承认的事实：毕竟，杀死一只黑猩猩跟打死一只蚊子，不可能是同样的事情，可是不同在哪里？物种的不同，代表这两种生命的价值不同吗？

纳斯鲍姆强调，从道德的角度来看，物种的不同并不代表在价值上有高低之分。道德之所以要把物种的不同列入考量，只是因为不同的物种可能受到的伤害并不一样。如果我们把"伤害"狭义地理解为身体的痛苦，那么由于不同的物种的感知能力和意识程度并不一样，所感觉到的痛苦也就不会一样。有一些动物对于死亡有明确的意识，杀死它们的时候它们会感到强烈的恐惧，大大地增加它们临死之前的痛苦。可是对于没有这种意识的动物，无痛的人道屠宰或许可以把痛苦降到最低。但是另一方面，如果是从能力论的角度界定伤害，那么由于衡量伤害的标准不只是痛苦与否，还包括了生命的许多其他活动跟内容，那么物种的不同，代表会被伤害的项目也不一样。一个人类所能受到的伤害，要比一只狗、一只兔子都来得更为严重、复杂。但是反过来说，一个智障的人，智商可能跟一只黑猩猩一样，可是凭借这种智力水平，黑猩猩可以活出黑猩猩应该有的美好生活，智障人却无法活出人类应该有的像样的生活。这些情况显示，各个物种的美好生活的标准不一样，虽然可以供我们判断应该如何对待不同的生命个体，却并不表示各个物种的价值有任何差别。

二、反对崇拜自然

纳斯鲍姆的能力论引起的第二个问题，就是如何看待"自然本性"，并且由此扩展到如何看待整个"自然界"。

在英文里，"nature"一词泛指大自然或者自然世界，也指各种事物包括生物的天生本性，简单说就是事物的原本性质或者本有的特色。能力论继承了亚里士多德的目的论，用"本性的充分发展"界定生命所追求的目的，生命的过程也就是发扬个体的天赋本性的过程。一个个体，如果完整地发展了他的本性或者说"能尽其性"，他的生命就进入了完美的状态。纳斯鲍姆根据这个观点，提出了能力论的动物伦理学，为动物争取基本的资源跟机会，以便进行生命的各种运作，实现它们的潜在天性。换言之，"天生本性"，在纳斯鲍姆的动物伦理学里面是核心概念，并且具有规范的意义："天生本性"规定了生命的应然状态。

但是这只是纳斯鲍姆想法的一面。另一面，她警觉到这类希望发扬生命天性的理论，往往有将天性以及大自然美化甚至浪漫化的危险。她引用了19世纪英国哲学家约翰·斯图亚特·穆勒的一篇文章——《自然》，说明大自然不仅并不具有道德上的规范地位，可以指点应然的问题。事实上，如穆勒所说："自然界天天在做的事情，如果是人来做，就该被处死刑或者坐牢了。"他指的是自然界的各种天灾所造成的伤亡。至于生命的本性本能，穆勒指出其中包括了破坏、支配，以及残酷等等倾向，他说：

"人性中每一种体面的德性,都不是来自本能,而是来自克制本能。"至于动物,它们的本能包括了每天都必须杀害、猎食其他生物。穆勒这篇文章的结论是:主张人类"师法自然",以自然界的运作为典范,既不符合理性,也不符合道德。不合理性,是因为人类的行为本来就是要改变自然事态,所谓有用的人类行为,必定是设法把自然的事态改变得好一点,也就是离开原状;至于不合道德,则是因为自然界的各种现象,无论是自然灾害,还是动物之间的相互猎食,如果是人类来做,都只会令人发指。任何想仿效自然界的人,都会被认为是最邪恶的人。

必须指出,穆勒的想法属于19世纪的进步主义,认定了文明要比蒙昧野蛮的大自然进步。他在19世纪50年代写作这篇文章的时候,达尔文的进化论著作还没有问世,所以穆勒的某些观点是非常有问题的。自然世界固然无情而且残酷,但是整个大自然滋养着无数生命,这些生命的本性,也并不像他所想象的那样完全血腥残暴。不过话说回来,充分发展自然本性,是不是真的构成了道德意义下的善,穆勒的质疑当然有其道理。纳斯鲍姆接受了穆勒的警告,并不否认自然本性有其发展的价值,但是她认为这些天生本性不能照单全收,还是需要先对其进行道德的评价。所谓尊重自然，意思并不是全盘接受自然天性的原貌。相反，针对一个物种来说，要判断什么样的生活才算是好生活，固然需要参考这个物种的天性，但也需要对其天性有所反思和检讨。例如就人类而言，美好的人生应该并不包括侵犯、伤害他人这种本能。人类的情况相对比较单纯，根据人类的标准来要求，不会构成严重的理论问题。但是许多种类的动物，为了生存一定要猎食其他动物，那么要如何让狮子、老鹰或者狼群活出它们的本性，活得像有尊严的狮子、老鹰跟野狼，而又不希望它们残酷地猎食其他动物呢？这显然根本不可能。在这个问题上，纳斯鲍姆也承认她的理论并没有妥当的答案。

即使如此，要求人类控制自己对动物的伤害与掠夺，"让动物活出它们的天性"，不失为一种在理论上说得通，实践上也有意义的动物伦理原则。至于野生动物的行为，的确不属于人类道德所能涵盖、过问的范围。这个问题，后面还会谈到。

三、人类与动物的利益冲突

纳斯鲍姆谈到的第三个问题，涉及了人类利益跟动物利益的冲突。人类为了自己的利益，在许多方面大量使用动物，带给动物的痛苦、伤害，以及牺牲都极为惨重。如果我们要维护动物的利益，最干脆的方法应该就是不再使用动物，要求人类放弃、牺牲许多利益。但是人类从动物身上攫取的利益相当多样，我们应该放弃这些已经享用几百、几千年的利益，造成人类的巨大损失吗？

纳斯鲍姆的答案相当保守，几乎回到了朴素的动物福利主义。她认为，像是穿戴动物皮毛制品，或是一般的虐待动物行为，完全可以严格禁止，对人类并不会造成困难。动物保护主义者一般都会反对吃肉，要求大家采用素食的饮食。纳斯鲍姆认为这个问题比较棘手。如果人类完全从素食中获得蛋白质，对地球的环境会造成什么影响，还没有足够的研究。儿童是不是能从素食中获得足够的营养维持健康，她也认为还不清楚。但是这两个继续吃肉的理由，就我所知是很难成立的，但纳斯鲍姆也语焉不详，在此我们不去深究。

关于动物实验，纳斯鲍姆的态度也是弹性的。她要求完全禁止那些没有必要的实验，例如用兔子测试化妆品的毒性。但是有一些研究十分重要，所做的实验对于人类以及动物的生命、健康可能有重大的影响。这类实验虽然会造成一些动物的生病、痛苦、死亡，纳斯鲍姆认为仍然是有必要的，可以保留。一般而言，她主张管制跟改善，这包括：第一，追问这个实验是不是真的关系到人类的重要生活能力；第二，可能的时候，设法用感知能力比较简单的动物作为实验对象，降低所造成的痛苦的量；第三，改善实验动物的生活状况，例如被迫去感染致死疾病的动物要能获得减轻痛苦的药物，并且有机会跟人类以及其他动物互动；第四，做动物实验的时候，难免使得动物遭受心理上的虐待，例如恐惧，必须设法减少这类痛苦，还有实验室工作人员对动物的不尊重，比如拿实验动物开玩笑，必须禁止；第五，谨慎挑选实验的主题，不要因为无聊的研究课题伤害动物；第六，积极开发不会虐待、伤害动物的实验方法，例如计算机模拟。这些想法，大多属于老生常谈，一般的动物保护运动已经倡议多年了，虽然落实的程度还很难说。

不过纳斯鲍姆也提出了一个比较有新意的积极建议：对动物实验发动公共讨论，从而建立共识，承认使用动物做实验是一种悲剧，即使必要，但是确实侵犯了动物的基本权利。这个建议并不是无的放矢：如果承认了动物实验是一种必要的恶，等于是做出一种宣示，表明科学实验摧残动物的行为并不光彩，假如有可能的话，人类是可以有心去善待动物的。公共讨论也可望形成一种公开的氛围，督促科学家寻找替代的研究方法，不必继续用动物做实验。

四、消极责任与积极责任

纳斯鲍姆触及的第四个问题，在早期的动物伦理学里面讨论得比较少，那就是如何区分人类对动物的积极责任与消极责任。我们对人类应该负的责任，可以分出消极跟积极两类。所谓**消极的责任**，指的是"禁止"或者"不可以"：我们不可以伤害、欺骗他人，或者侵占他人的财产。至于**积极的责任**，则指采取行动去帮助他人，例如给饥饿的人提供食物，用金钱救济穷人，或者照顾有病痛在身的人。伦理学一般而言比较看重消极的责任，至于积极的责任，则把它看成是个人的美德，虽然值得鼓励，但通常不会认为积极帮助他人构成了一种严格而不容推卸的**道德义**

务。不过这个观点,显然简化了"责任"这个概念。责任这件事,其实要看人们之间的"关系"才能判断。例如在家人之间,由于彼此的关系相当密切,那么相互之间要负的义务一定也相当广泛,涵盖了消极与积极两种面向。推而广之,在现代社会跟政治思考的脉络里,由于对人们的权利和义务关系有比较宏观的认知,会认为国家或者整个社会对其成员不只是要负起提供安全跟保护这类消极的责任,也要提供基本以上的温饱、医疗、教育,以及金钱收入,这些都属于积极的责任,个人也有权利提出这些方面的要求。这时候,积极跟消极的责任,往往会组合成一套比较全面的照顾体系,因此在这种情况下,积极和消极之分并不是那么有意义。

那么动物呢?在人类跟动物的关系之中,积极责任跟消极责任之分是不是还有意义呢?我想大家应该都会同意,人类对动物——任何具有感知能力的动物——负有基本的消极责任,那就是不可以任意伤害它们。这是道德的基本要求,不过它所根据的理由通常抽离了特定的脉络,并不涉及这只动物跟我们有什么特别的关系。但是如果将"关系"列入考量,那么不同的关系,的确会带来不同的责任。例如对于人类豢养的动物,人类当然必须负起一些积极的责任，例如有义务照料跟保护它们，满足它们的各种需求。在另一方面，对野生动物，人类所负的责任可能就局限在消极的方面，例如不要猎杀它们，不可以侵占、破坏它们的栖息地，等等。

从这方面可以看出，"关系"在道德上是有重要意义的，但是必须承认，到目前为止介绍的三家动物伦理学，都没有把"关系"这个因素列入其理论建构。这三家理论都是指出动物**个体**生命的某些特性，强调这些特色本身具有道德的含义，然后探讨这些特性对人类会产生什么道德要求。但是如果除了动物本身的特色之外，我们跟动物的**关系**也会产生特殊的道德要求，那么有没有动物伦理学是从关系的角度思考人类应该如何对待动物呢？有的。在下一讲，我想要介绍一种着眼于关系的动物伦理学。

第 12 讲

女性主义：关怀伦理与支配逻辑

在上一讲结束时，我们谈到了"关系"的重要意义，但是动物伦理学的主流理论却忽视了"关系"这个道德必须考量的范畴。现在我想举出一种从"关系"入手的动物伦理观点，就是女性主义。当然，"关系"一词涵盖的范围太广，譬如人类豢养的动物以及野生动物，这两者跟人类的关系就截然不同，所以不能泛泛而谈。其实女性主义的种类也很多，我们在这里所要谈的，也只是庞大的女性主义光谱中比较边缘的支流而已。这些具有动物保护意识的女性主义者所关注的"关系"，主要是指以情感为基础的关系。这当然是人类跟动物之间特别重要的一种关系，毕竟，跟动物的情感联系，本来就是绝大多数人关注动物的主要动力。

但是在进入女性主义之前,我们先看一下主流的动物伦理学的逻辑结构,了解它们为什么会忽略了"关系"这个范畴。

一、三家动物伦理学的共同逻辑

读者会注意到,到目前为止介绍的三家动物伦理学表现了一种共同的逻辑:它们先指出人类身上有一些重要的特色,是人类的根本利益所在,也是道德所必须重视、尊重、保护的对象;其次它们指出,在很多动物身上也有同样或者类似的特色,构成它们生命的核心利益。那么基于道德所要求的普遍性,我们可有任何理由不对动物的这些特色也加以重视、尊重、保护吗?没有的!如果不愿意把对待人类的道德规则推广、延伸到动物,那只是说明了我们的道德不够一贯、不够公平,我们其实是在偏袒人类的利益。这就构成了歧视,也就是违反了平等与正义的基本要求。辛格跟里根都是依循这样的逻辑,建立他们的动物伦理观点的。纳斯鲍姆的途径有些不同,但是她也假定了正义的要求是普遍的,不会对动物例外。

这套逻辑之所以显得强大而有说服力,是因为我们都承认,道德在本质上就是根据"一视同仁"的原则在运作的。道德要求平等、公平,不能偏袒自己的一方,不能有私心;道德的要求就是:对于同样的情况,必须用同样的标准对待。如果不应该伤害自己族群的成员,就不应该伤害其他族群的成员;如果不应该给人类制造痛苦,也就不应该在动物身上制造痛苦。"一体适用",可以说是道德的基本原理。因此,你跟某个对象有什么特殊的关系,对象引起了你的什么特殊的情感,都跟道德无关。上面三家伦理学,都是根据这套逻辑,要求对待人类与动物在道德上必须一视同仁。

辛格在《动物解放》1975年第一版的序言里,说了一个小故事,充分表达了这种态度。有一位女士听说他在写一本有关动物的书,于是请他们夫妇来家里做客聊聊,问到他们是不是养宠物,是不是特别喜欢动物。辛格的回答是他们不养宠物,对动物也没有特别的喜爱,但是他们拒绝吃女主人招待他们的火腿三明治。他说,一个人基于平等、正义而反对种族主义,并不需要特别"喜欢黑人";同样的道理,主张消除动物的悲惨遭遇,拒绝吃肉,也不需要你特别"喜欢动物",只要实践道德平等的原则就够了。辛格强调,他的整套观点所依据的不是情绪,而是理性;他要将人类的道德关怀扩大到动物,也是基于理性,而不是因为爱心或者慈悲。理性的适用性是普遍的,基于理性的道德,必须跨越人类跟动物的界限,把道德原则推广到动物领域,这跟情感没有什么关系。

用这种强调逻辑、理性思考的方式建构动物伦理学,在辩论的时候也许铿锵有力,但是我们在前面说过,绝大多数的人并不是基于这类平等、公平的理想才关心动物的。多数人是因为喜欢动物,或者看到了动物的悲惨遭遇,爆发了愤怒、同情、不忍之心等情绪,从而意识到自己对动物负有一些道德责任,不仅不应该伤害动物,甚至有义务去积极保护动物。换言之,辛格强调理性,排斥情感,其实并不符合人性的实际情况。动物伦理只需要逻辑理性吗?或者我们跟特定动物直接互动时有情感、情绪等角色参与吗?你我跟身边动物的互动关系,动物的苦难带给我们的情绪反应,在动物伦理里面没有意义吗?其实,情感是人类跟动物之间最直接、最有力量的一种关系,我们不能忽视这种关系的道德意义。

在西方伦理学的历史上,18世纪的大卫·休谟、亚当·斯密等人曾经提出一种道德情感主义,但一直被自然法、康德式、效益主义等理性主义的伦理学所遮蔽。说起来有意思，到了20世纪，往往是女性的哲学家更为看重情感、情绪在道德中的角色，在动物伦理的领域也是如此。在动物问题上，正是当代的一小部分女性主义者，从人类跟动物的情感关系着手，建立了一种女性主义视角下的动物伦理。

二、女性主义与动物问题

在今天，女性主义是一个波澜壮阔、势力强大的全球性运动。但是需要先说明，女性主义作为一种政治、社会运动，在历史上并没有特别重视动物议题。不错，在19世纪，当西方开始出现各种社会运动的时候，积极呼吁妇女平权、解放黑奴、保护童工的人，往往也会提出保护动物的诉求。在当时，这些运动都是协助弱者、追求人道的社会改革运动的一环。但是女性受到的不平等待遇跟动物所遭受的凌虐迫害，很少有人把两者相提并论。

到了20世纪下半叶，女权意识再度兴起的时候，多数女性主义者把焦点集中在女性本身的解放，也没有特别关心动物。毕竟，在人类中心主义的笼罩之下，即使"平等"，也只能放在人类内部谈，不可能推广到动物；在这一点上，女性主义虽然要挑战父权体制的成见，却仍然无法摆脱自己身上根深蒂固的物种主义成见。

但是仍然有少数女性主义者，强烈关注动物在人类手里的凄惨遭遇，但又不完全满意辛格、里根等主流动物伦理学的思考方式，于是想要另辟蹊径，在女性主义跟动物保护之间，建立更为紧密的联结。"关怀伦理"是其中的一个代表，后面要谈的"素食生态女性主义"则是另一种代表。

以"关怀"为取向的女性主义者认为，辛格、里根等人维护动物利益的结论并没有错，但是这些主流的伦理观只重视理性、通则，追求权利、正义等价值，所反映的其实是一种男性的道德意识。这样的动物伦理忽视了情感这个因素，结果跟一般人尤其是女性的道德经验有相当大的隔阂，并没有办法说明我们为什么会关怀动物，也无法正面凝视动物生命的真相跟苦难。针对这一点，她们认为女性主义可以走另一条路，从一种特属于女性的道德经验出发，重视动物在人类心里引起的情绪反应，特别是对于动物处境的同情、不忍、义愤之心。这样的动物伦理，不仅能够打动人心，激发行动的力量，并且进一步显示女性跟动物所受到的迫害，其实有着相同的父权思想背景，从而建立妇女解放跟动物解放之间的关联。

三、吉利根的女性关怀伦理

有人会问，硬要把道德观分成男性的或者女性的，是不是有点勉强？毕竟男人、女人都会有各种情绪，也都可以凭借理性从事抽象的道德思考。关怀伦理凭什么认为，女性特别拥有一种着重个体之间情感联系的伦理观呢？在这个问题上，美国心理学家卡罗尔·吉利根提供了理论跟实证两方面的根据。吉利根用"关怀伦理"这个概念，说明女性的道德人格的成长，有其独特的路径，特别看重人与人之间的情感关系，从而显示了情感在女性的道德意识中确实更为突出。

在这里需要先说明一下吉利根这套理论的背景。关于人类的道德意识发展，心理学家劳伦斯·科尔伯格所提出的"六阶段论"，曾经是最有影响力的学说。科尔伯格认为儿童的道德成长经历了三期六个阶段，前期关心的是躲避惩罚和获得奖赏,这是为了自己的利益而顺从权威;中期关心的是获得他人的认可,以及维护现存的秩序,因而跟着大家走,愿意服从现行的社会规范与法律;到最后,会进入一个自律的阶段,终于意识到了正义、公平等普遍性的价值,经过反思,根据自己的判断去遵循道德原则。不幸的是,科尔伯格发现男性比较有可能进入最后一个自主地遵循普遍规则的阶段,而女性的道德成长,则往往停留在顺从习俗的中间期。换言之,如果接受了科尔伯格这个结论,岂不是说男性的道德成熟程度要高过女性?

吉利根在1982年写了一本书《另一种声音》,挑战这个结论。她认为科尔伯格的道德发展学说所描绘的三个发展阶段,只是男性的道德经验,对女性并不适用。女性并不是无法进入第三个自主与独立的阶段,而是女性走的根本是另外一条途径,更看重跟他人在情感层面的联结与互动,看重情感所带来的关怀之心跟责任感。这种女性特有的道德观,当然不能说是道德的成长没有到位,而是"另一种声音",一条跟男性有所不同的道德发展路径。如果说男性的道德着重独立个体的权利,那么女性重视的则是对他人的责任;男性的道德观追求正义,但女性的道德观却以发自情感的"关怀"为重心,重视在情感关系之中对他人的承担跟照顾。这种"关怀伦理"的独特传统，被西方的男性伦理主流掩盖了，如果要尊重女性的道德经验，就必须重新提倡这个传统。

吉利根从女性的道德心理发展途径，说明了关怀伦理确实跟女性有着密切的关系。另一方面，还有几位女性主义学者，从历史和社会的角度，指出女性在社会分工中被分派的角色也可以说明为什么女性更倾向于关怀伦理。女性的传统职责，往往就是提供照顾，包括母亲照料孩子，在家庭中负担家务劳动，而护理师、保姆、小学老师等职业，也一向以女性为主要的劳动力来源。换言之，从历史以及社会分工两方面看，关怀伦理也的确是一种更属于女性的伦理观。

吉利根本人并没有讨论到动物，但是很显然，从她的角度看，辛格、里根以及纳斯鲍姆的动物伦理讲求正义跟权利，所采取的都是男性的道德观点。如果要从女性的观点开发动物伦理学，那应该是一种关怀伦理。吉利根为一些女性主义者提供了现成的理论资源。

四、关怀伦理的局限与突破

但是从关怀伦理,能够发展出明确的动物伦理主张吗?上面说过,女性主义完全可以接受辛格、里根等人反对吃肉、反对动物实验、反对虐待动物等主张。但是一些批评者指出,由于以"关怀"为核心的伦理,强调直接关系中的情感因素,认为道德责任是由具体情境里的特殊情感所产生的,那么女性主义即使接受了保护动物的主张,但是它能够关怀的动物范围,却势必会大为缩减。譬如说绝大多数的都市人都不可能接触到猪、牛、鸡,那么有什么理由要求他们关心这些经济动物,停止吃肉?又例如野生动物,或者人类所恐惧、厌恶的动物像是蛇、老鼠,由于无法跟它们发展正面的情感,就很难谈到"关怀"它们,不伤害它们。女性主义如果想要针对动物提出一种以关怀为主的伦理,能够克服这些限制吗?

情感能不能成为道德的动力,在下一讲我们会详细讨论;不过在这里可以先简单说一下我的观点。我认为情感本身就是带有道德内容的,情感可以因为直接的互动而被触发,但是情感是一种价值判断,也就包含着相对应的价值观,这种价值观必须已经先在当事人的身上存在。情感并不是毫无来由任性发作的心情波动；情感的源头，其实是一个人的整体人格，情感反映了一个人的价值观，这正是伦理学里面"德性伦理"传统的主张。一旦将情感、情绪看成人格的表现，上述情感的局限，应该就不成为问题了。如果我们想要从人类对动物的情感发展出动物伦理，那么显然德性伦理是值得探索的一条路，这是我们下一讲的主题。

五、生态女性主义与支配逻辑

不过，除了关怀伦理之外，在女性主义的阵营里，还有一种生态女性主义对动物议题特别关注，并且直接认定动物议题跟女性议题有着紧密的联系，很值得在这里加以介绍。这种女性主义跟关怀伦理大不相同，严格说起来它并不是一种伦理学的理论，而是一种文化—政治的分析。关怀伦理谈的是人类应该以情感为基础，对动物发展出以"关怀"为核心的伦理关系；生态女性主义所关心的，则是女性问题跟动物问题的共通结构，认为女性跟动物都是一种"层级式的支配关系"的受害者，因此女性解放运动，也应该支持动物的解放。

生态女性主义有一个逐步发展的过程。最初它注意到，男性对女性的支配，可以用文化跟自然的对立来理解。人类一向有自然和文化的二分法，并且从很早开始，文化就被赋予高于自然的地位，人类发展出文化来征服自然，改造甚至使用、剥削自然，文化与自然之间有一种层级支配的关系。

在生态女性主义看来，这种"文化支配自然"的想法，除了可以直接说明人类对生态环境包括动物在内的支配关系之外，也完全可以说明男性跟女性的相对位置。由于女性的生理特征例如月经，和心理特征偏向阴柔，加上她们具有受孕、生育和哺乳的功能，可以联想到大自然孕育生命、生养万物，结果很多文化都认为女性属于自然，男性则创造、掌握文化，负责征服自然。其结果，就是文化跟自然的层级关系，被转移用来支持男性跟女性的层级关系，男性征服、支配女性。

后来生态女性主义把这种层级之间的支配关系加以一般化，认为性别压迫、种族压迫、物种的压迫、阶级的压迫，乃至于对大自然的掠夺破坏，都在复制类似的层级式的世界观，为层级之间的上下压迫关系寻找借口。美国的女性主义哲学家凯伦·沃伦，因此提出了"支配逻辑"这个概念，试图揭露各种层级体制的共同结构。

本书读者对"**层级式的世界观**"不会陌生。前面谈到过，人类看人、看万物，经常采取一种区分上下、高低的眼光，这里区分的既是阶层，也是价值，在上者、居高位者要比在下者、低位者有价值。在前面，我们主要是谈人类中心主义在人类跟动物之间建立的层级关系。现在，在生态女性主义者看来，男女的分别，也明显地表达了类似的层级式的世界观：男性在上位，女性居于下位。文化与自然之分，则是另一种历史悠久而极为普遍的层级观点，凡属于"人文化成"的事物，要比"自然天成"的事物来得更高尚、更有价值。甚至种族、阶级，也经常被套进层级式的世界观里去，在不同的种族跟阶级之间，建立层级。一旦承认了层级关系，上下层级在地位和价值上有了高低的不同，那么不同层级的权力跟利益的差别、待遇的差别，也就显得极为合理了。

但是除了提出上下之分、价值之分、待遇之分，层级式的世界观最重要的功能，就是它提供了一套"**支配逻辑**"，在层级之间建立了一种支配跟压迫的关系，让居于上位者有资格统治和管理居于下位的对象。支配逻辑需要一些借口，证明这种支配是正常的、合理的。在西方，最常动用的借口,大概就是"理性"。一般的女性主义者早已指出,父权体制一向认为男性长于理性的思考,渲染女性的理性能力不足,因此男性有必要也有资格支配女性。生态女性主义则进一步指出:白人压迫黑人,也一向渲染黑人倾向于本能的冲动,缺乏理性的自制。这类说法,我们当然很熟悉,在前面已经再三指出"没有理性",正是西方思想家否认动物道德地位时最常动用的借口。

这样来看,这种层级式世界观下的支配逻辑,其实贯穿了性别、种族、物种几个方面的压迫跟歧视。面对这套支配逻辑,女性主义显然有必要把动物议题纳入自己的视野,关心动物在人类手上的遭遇,既反对女性受到的压迫,也批判人类对动物的虐待跟伤害。在这个逻辑之下,一个人若是主张女性的解放,便也必须慎重考虑自己的饮食习惯,追求动物的解放,女性主义应该变成"素食生态女性主义"。

到此为止,我们介绍了女性主义传统里的两种关于动物的观点。接下来,我想回到我们从一开始就强调的情感,在更深的层次上探讨情感、情绪对动物伦理的含义,这会带我们进入德性伦理的范围。

第13讲

德性伦理：从情感回到自身

上一讲提到，女性主义提醒我们，在人类的思考跟行动中，情感或者情绪乃是不可或缺的部分。女性主义进一步指出，女性的道德成长路径跟男性的不同，女性的道德意识更偏重情感，会从情感的角度思考人际关系，从而可以发展出一种关怀伦理。由于在人类跟动物的关系之中，情感以及情绪占了极大的分量，因此一种以关怀为主轴的女性主义的动物伦理学，显然要比辛格等人所建构的伦理学——完全以理性、原则为归依——更适合用来规范人类跟动物的互动关系。

但是前面也讨论到，由于情感通常建立在当面、直接的互动关系之上，用情感作为道德思考跟实践的出发点，适用的范围难免受到限制。此外还有一个更严重的问题，那就是**负面情绪**的存在：情感只是人类各种情绪中的一类，通常指正面、善意、亲切的情绪，例如同情、怜悯、喜爱、关心等；但是各种负面的情绪，例如厌恶、畏惧、嫉妒、鄙视、憎恨等，不仅始终在人心的幽暗处蠢蠢欲动，很难加以克制，并且如前面第2讲所谈到的，在人类跟动物的关系之中反而更为常见，破坏力也更为强大。因此，如果要用情感作为着眼点，思考人类应该如何对待动物，就需要先澄清一下，情绪本身为什么能有正面的道德意义，这也是我们进入德性伦理的一条必经之路。

一、情绪的道德意义

大家会怀疑，情绪真的跟道德有关吗？有的。道德心理学告诉我们，情绪在道德领域发挥两个重要的功能。首先，情绪凝聚了我们对一个具体情境的认知、诠释以及评价。面对一个情境，你的情绪反应，其实显示了这个情境在你眼中是什么样的一件事。你对某一起社会事件感到愤怒，是因为你认为这件事伤天害理；你对某个人感到同情，是因为你看到他身受病痛的折磨；你会敬佩一个人，则可能是因为你认为他的牺牲奉献，并不是一般人做得到的。情绪是一种指标，标示出我们对一个具体情境的认知、解读跟感受，其中必然也包含着评价性质的判断。

其次，跟单纯而不动情绪的认知比起来，情绪才是行为的实际推动力。"知"不一定带来"行"，"知"牵动了情绪，才会转为行动。我们不愿意骗人，并不是因为知道说谎是错的，而是因为说谎让我们感到羞耻或者厌恶；路上看见老人摔倒，我们上前把他扶起来，不是因为父母或者老师教导我要这么做，而是因为从心里觉得不忍。情绪除了是对一个情境的解读跟评价，通常还具有这种推动力，把自己的解读跟评价转化为行动，构成了行为的实质动机。

情绪在这两方面的功能，显然都非常基本而且重要，因此我们千万不要误解了情绪这件事，不能认为情绪不过就是来来去去、漂浮不定的心情变动。我们反而应该追问，为什么情绪能够在生活里承担这么重要的两件工作？答案是，**情绪跟每个人生命的内核有着紧密的联系，必须认真看待**。那么这个内核又是什么呢？

二、同情心的根源

简单说,情绪牵涉了每个人的性向、气质、品格;我的情绪的根源在内心,从情绪可以回溯到我是一个什么样的人。这一点其实是常识。我们经常会从一个人的个性或者性格,去推测、猜想他对一件事会有什么样的情绪反应;或者反过来,我们会根据一个人的情绪反应,去推测、判断他的个性。但是很多时候,我们又忘了这一点,把情绪看成单纯是外来因素所刺激出来的本能的、下意识的反应,当事人是无法掌控、负责的。因此,情绪跟人格的关系,需要费一些力气来澄清。但是情绪的范围很广,种类也非常多。既然我们的主题是动物伦理,为了缩小讨论的范围,我们只谈同情、关怀这类情绪跟个人性格的关系。这要分三个层次来谈。

首先,情绪一定有它的对象,针对这个对象而产生。你有情绪反应,表示你注意到了这个对象的存在,并且能够想象、感受对方的状态,让对方进入你的意识,使他不再是一个不相干的路人甲。但是在日常生活中,周遭的人与事来来去去,你能注意到的对象其实非常少,对于大多数的人、事、物,我们都视而不见,"看到"了,但是没有"看见"。那么为什么我们会挑出某些对象来注意呢？原因很多也很复杂，不过在不少情况中，**是你的性格在指挥你的注意力**。有同情心的人，会注意到路边的老人需要帮助；敏感的人，会注意到朋友的心里有烦恼；心地柔软的人，会更容易注意到动物的苦难。"注意"显示了你这个人有某些特色，包括你的个性，以及跟你注意的这个对象，有某种相通、共鸣。许多情绪，特别是具有道德意义的情绪，无论是善意的，还是恶意的，并不是被动地受到刺激之后的无厘头反应，而是有你自己性格上的背景的。

其次，一个对象会引起你的同情跟关怀，表示你注意到了他正在承受着某些负面的、不利的遭遇，甚至感受着痛苦，从而引起了你的同情。同情是一种面对他人处在负面状况时的情绪；对于幸福快乐、一帆风顺的人，居于优势、强势位置的人，无所谓同情，也就无所谓关怀。我们同情的，通常是那些本身并没有做错事，却遭遇不幸以及打击的人，是那些无辜受到欺压、迫害、侮辱、伤害的生命，以及在权力、资源、地位上受到剥夺的弱势者。他们的不幸引起我的同情，产生了怜悯、悲伤、遗憾，或者愤怒等情绪。换言之，同情不只是"注意"到了对方的不幸状况；还表示我认为对方并不应该遭受这种折磨，认为这种折磨是不对的。这充分说明了，同情乃是一种价值判断，**反映了你所抱持的价值观**。这一点经常被忽视。

在这个意义上，同情心展现了你的道德意识。当你心中感到同情的时候，你这个人关于是非对错，关于权利、正义，以及责任等观念，也在发生作用，这些观念都构成了情绪的一个部分。同情对方，代表我们认为对方的遭遇乃是不对的、不应该发生的，或者至少不是这个人需要负责的。因此，同情心非常有助于建立我们跟他人的道德关系。另一方面，由于同情心包含着这些具有普遍性的道德观念，因此，同情心的视野，必定超越了当下的直接关系。结果，即使是不曾相识、不能互动、时空阻隔的对象，包括身在远方的陌生人、异国人，只要注意到了他们的遭遇，能想象他们的处境，能够应用普遍的道德准则，去判断他们并不应该遭受这次苦难，便也可以对他们产生道德上的关怀。

但是不要忘记，同情毕竟还只是情绪，只是道德态度，不见得都能够转化成实际的行动。我可以充满同情地旁观你的不幸遭遇，虽然感到十分难过，甚至义愤填膺，但我仍旧只是旁观者，并没有积极去帮助、照顾你，对抗那些伤害你的力量，舒缓你的不幸。同情要化为行动，代表我所同情的对象在相当大的程度上深入了我的内心，**牵动我的生命**。这可能是因为**他跟我的关系非常深重**，但也可能是因为**这件事牵涉的道德标准、伦理价值对我的意义非常深重**，两方面的"深重"意思都是说，在这件事情上我对你的苦难如何反应，已经不是寻常的身外之事，而是会转而逼问我，问我准备如何面对自己。我对这件事的态度，牵涉了我是谁，我是什么样的人，我对自己有什么样的认识跟期许。换言之，同情这种情绪的底层，隐藏着我的自我认同，我的道德观、价值观；把同情转化成实际的行动，其实构成了我的生命实践。当我强烈关怀一个对象时，之所以难以掩饰一份忧心焦虑之情，之所以必须主动出手去帮助对方，正是因为对方的福祉，对我具有这么深重的意义，对方的不幸，构成了我生命中的阴影、威胁、缺憾，我如果坐视不理，我将无法诚实地面对自己。换言之，我的关怀，跟我对自己生命的想象、我的自我认同、"我是谁"，是交织在一起的。

经过这几个层次的分析，同情心跟关怀等等情感，显然是生命中的大事；同情与关怀之所以具有强大的伦理意义，原因是这里面卷入了我的性格、价值观，我最根本的信念跟执着。关怀伦理的确需要从情感出发，可是这种感情的根源，却深深扎根在我的整体人格上。换言之，女性主义想要以情感为基础建立关怀伦理学，我认为需要前进一大步，把女性主义所强调的直接情感，回溯到道德主体的内在道德人格。这个思路，正好呼应着道德哲学中历史最为悠久的德性伦理传统。

三、从情绪到德性

"德性"有人称"美德"，还有人称"德行"。"德性"跟"德行"都行得通，这是因为"德性"既是性格，也必须贯穿整个人而表现、落实为行为以及为人处事的方式。在西方，德性伦理的代表人物是亚里士多德；在中国，整个儒学传统都可以归类为德性伦理。其实在日常生活中，"德性"这个概念并不陌生，我们会称赞某个人具有某些优点，例如诚实、勇敢、负责、勤劳等，这些都是所谓的德性。但德性又是怎么构成的呢？

让我们举"诚实"做例子，一个人的诚实，首先，会表现在行为上，例如他不说谎，不欺诈；其次，他的这些诚实的行为，并不是看情况偶一为之，而是来自他的个性，已经形成了一种习惯，经常如此；第三，他之所以会做诚实的行为，牵涉了认知以及情绪两方面，也就是说他在观念上就认为诚实是对的，在情感上也讨厌欺骗、喜欢诚实；第四，他的诚实又不是不经思索凡事都盲目的诚实，而是会考虑到当下的具体情境，也会将诚实以外的其他道德要求列入考量，也就是说，他的诚实是踏实地思考判断的结果，而不是套用道德公式。从这几方面来说，所谓德性，是一个人个性上的特色，发自内心，受到情绪的推动，在理智的指导之下，表现为他的言行举止。

因此，德性不仅说明了情感为什么具有道德意义，也只有德性才能整合情绪跟理性，达到认知和生命实践的结合。一个人具有诚实这种美德，代表他认识到了"诚实"要求我们做什么，也能判断生活中什么情境需要诚实；但对他而言，诚实并不只是一条形式的诫命，相反，诚实跟欺骗会引起他的各种情绪反应，自己说谎的时候会感到心里不安，别人说谎则令他产生反感。换言之，德性伦理从个人的德性出发，让情感跟理性相互配合，思考与行为搭配得当。我认为它对于人类的道德经验、道德意识提供了比较完整的说明。

四、德性伦理与动物

花了这么多时间，说明一个人的情绪跟他身上的德性有着很紧密的关系，目的是显示德性伦理可以提供一个非常不同的角度，去看待人类跟动物的关系。在上面我们已经多次强调过，人类对待动物的态度，在非常大的程度上，根本就是由情绪或者情感所决定的。但是辛格、里根以及纳斯鲍姆正好忽视了情绪的角色。女性主义从这个角度批评他们，并且试图以情感为基础，发展一套动物关怀伦理，当然有其道理。但我们也看到，女性主义不能算成功，原因就是对情感的理解过于片面、表层。情感在道德生活中扮演的角色非常重要，但是情感的道德意义，不能脱离它的根源之处，那就是情感的主人在情感中所表露的个人的性格特质。这些个人的性格特质，就是所谓的"德性"，不仅表现在一个人的行为上，同时也构成了他的道德人格。从情感出发，追溯到情感背后的德性，我认为这个方向对动物伦理特别有启发。

德性作为道德思考的核心议题，虽然有着漫长的历史，但是很少有哲学家认真地从德性的角度，检讨人类对待动物的方式。不少德性伦理学家都会谈到，人类对动物应该避免残忍、凶暴等恶习,要培养仁慈、怜悯等美德。换言之,人们不是不知道,如何对待动物乃是人类道德品质的一个重要部分。但是受到人类中心主义的蒙蔽,这些思想家要求人类对动物施展美德,理由还是为了人类,因为这些美德的培养,不仅提升了当事人的品格,也帮助他对其他人类更为仁慈,减少暴力。至于动物,好像只是人类的美德教育中使用的教材而已。

但随着动物伦理学成为一个独立的领域,情况已经有所改变。对德性动物伦理贡献最为突出的,当推新西兰的女性哲学家罗莎琳德·赫斯特豪斯。以下我将借用她的方式,用两个例子说明人类跟动物的关系所牵涉的德性议题。

五、德性与"爱"动物

让我们从"喜爱动物"这种常见而看似单纯的情感说起。许多人喜欢自己身边的同伴动物,对它们付出感情。这种感情反映了主人的爱心,可以说是一种很正面的德性。但是你爱一只动物,不可能只是觉得它可爱、好玩。

我们可以沉迷于一件玩具，但是不可能去"爱"玩具。在前面我们说过，所谓"爱"，一个关键就是你会注意、关心对方的状况跟福祉，会盼望他过得愉快、幸福。无论是对人还是对动物，爱对方，必然包含了这个关心、祝福对方的成分。"爱"或者"关怀"的重心是在对方身上，而不是在你自己身上。我们也提到过，有些父母、夫妻、情人，虽然自以为爱对方，但其实是在占有对方，想要支配对方，甚至把对方看成实现自己愿望、满足自己欲望的工具。这种爱，是以自己为中心的爱，自私有余，却没有把对方看成一个独立的生命。这种爱缺少了对对方的尊重跟祝福，因此也就不是真正的爱。

但是如果对人类的爱都会出现这些问题，所谓的"爱"动物，就更难摆脱自私的成分了。在人类中心主义的笼罩之下，很多人养猫养狗，表面上说是爱，实际却并不了解、更不在乎动物的生命状态；它们的需求、欲望，都被饲主自己的需求跟欲望所扭曲、掩盖了。对猫狗进行"品种改良"，培育出人类喜欢的品种，却不顾这样产生出来的猫狗带有先天性的残疾，一生痛苦。有人给动物美容，拔除趾爪，消除体味，打扮成"洋娃娃"，表面上是宠爱，实际却是想要消除动物的天性。

这时候，德性伦理会提醒我们，这种种所谓爱动物的行径，实际上表现了你还是以自我为中心，自私、自大，说明了你不够敏感，也缺乏对个体生命的尊重。对动物的爱心，需要**同情**与**关怀**，而真正的同情跟关怀，是以对方为中心的，要求我们认识动物的本性，**了解**它们的生理跟心理需求，**尊重**它们的天性跟生活习惯。这些都是养宠物的人需要培养的基本德性。另一方面，常有人轻率地决定开始养猫狗，没有意识到领养之后你就需要付出时间、精力、金钱去照顾它们，平时需要陪伴它们，最后有义务照料它们直到终年。养宠物，需要**恒心**、**责任感**，以及对自己这位"毛朋友"的**忠诚**。着眼于德性的动物伦理，对于宠物主人应该具备的德性，提出了很具体的要求。

六、德性与吃肉

对于思考吃肉还是吃素，德性伦理也可以提供参考。赫斯特豪斯认为，无论你怎么看待动物生命的道德地位，在今天的肉制品生产方式之下，把活生生的动物变成盘子里的食物，其过程的每一个阶段，都在考验你的人格特质。

如果你不知道动物是如何被屠宰、分尸,变成你面前的一块肉,那你的无知跟想象力的匮乏程度相当惊人;如果是你不愿意知道肉的真相,代表你对饮食的伦理问题不够**认真**;如果你假装不知道,那么你实在不够**诚实**。如果你知道一片肉背后的血腥故事却无动于衷,你未免太**放纵**口腹之欲;如果你认为这种放纵关系不大,那么你这个人足够**麻木不仁**。吃肉看似是一个单纯的饮食习惯,但是伦理的生活态度,不就是要求我们要经常反省自己的生活习惯吗?这些生活习惯,不都在反映着我们的心态、性格、偏好、成见,以及对自己究竟是自律还是放纵吗?德性伦理的角度,在吃肉这件事上,不仅是道德反思的开端,也提供了饮食伦理的具体原则。

七、动物伦理的德性要求

那么我们能不能具体列出动物伦理所要求的德性项目呢?这是不可能也没有必要的。其实每一个成年人,从小到大,经过家庭、学校、社会的熏陶以及教育,都相当清楚,作为一个像样的人,一个无愧于做人本分的人,面对某个具体的情况时，自己应该表现什么样的品格和个性。如果你有疑惑，那么自己的反思能力，加上既有的德性修养，也会帮助你思考。既然如此，到了涉及动物的时候，动物伦理要问的问题反而很简单：如果你在跟人类来往的时候，知道自己应该发挥什么德性，为什么到了面对动物的时候，这些德性就突然消失了，剩下一副只可以形容为冷酷、贪婪的面貌？答案很简单，那是因为你还无法摆脱人类中心主义，你的德性还是有条件的。在前面，我们已经用哲学分析跟历史的追溯，说明了人类中心主义只是偏狭而且自大的成见。既然如此，那么从德性伦理的角度来看的话，关键就在于你是不是具有"**谦虚**"这项基本的美德，不要妄自尊大，以为自己是宇宙的中心。你能不能适度地控制住人类中心主义的心魔，就要看你这个人的心态跟性情。问题不在于你是不是接受辛格等人再三强调的道德必须具有普遍性，而是能不能回到你的自身，看看自己的心胸够不够开放、公平，看看**怜悯**、**同情**、**慈悲**、**关怀**这些德性，究竟是不是你性格的一部分，是不是你这个人的核心情感。这个问题，只能请每个人用动物这面镜子映照自己，看看你的答案是什么。

第 14 讲

停步望远：动物伦理与社会进步

从第 2 讲到第 13 讲，我们从人类面对动物时的基本心理模式开始谈，接着对人类跟动物在历史上的关系做了一番鸟瞰，我们挖掘人类中心主义的根源，追溯了动物伦理学的起源。然后我们介绍了当代动物伦理的几种主要的理论，从彼得·辛格开始，经过汤姆·里根、玛莎·纳斯鲍姆，最后介绍了女性主义跟德性伦理。

经过这一番跋涉，这本小书已经到了尾声。在这里，我想做一点回顾，也提出一点展望。回顾之时，我想先说明我为什么挑出这几种理论来介绍。

一、为什么挑选这几种理论？

我选择这几家理论，大致基于三方面的考量。第一，这几种动物伦理学，分别代表着伦理学里面几个具有经典地位的传统，也就是效益主义、康德主义、亚里士多德的致善主义，以及跟致善主义同根共源但是仍有区分的德性伦理。至于女性主义，则在晚近异军突起，代表了一种针对这些传统道德观的挑战。我选择这些理论，一个目的是帮助大家初步认识这些道德哲学的特征。我认为，各位即使并不想深入道德哲学，但是对于整个道德哲学领域的地形地貌、各种观点的相对位置有初步的认识，非常有助于思考涉及动物的各种伦理问题。

第二，在当代动物伦理学的广大领域里，这几种理论都有一定的影响力，尤其是辛格的效益主义。认识了这几种理论，你对这个领域有了基本的掌握，就可以接得上各种理论性的或者实务性的文献和争论。动物的问题无所不在，探讨动物问题的书籍跟文章与日俱增，我们生活中也不时会遇到涉及动物的难题。这时候，熟悉这几家理论，可以让我们获得足够的理论资源，思考与论述都会更为清晰，也更有焦点。

第三，挑选这些理论，也反映了我自己对动物伦理的基本理解方式。大家已经看到，我把这些理论分成两类，辛格、里根，以及纳斯鲍姆是一类，女性主义、德性伦理则属于另一类。前面一类理论的眼睛向外看，把焦点放在动物身上，从动物身上找出一些具有道德意义的特征，然后指出人类身上也有类似的特征，因此对人类适用的基本道德观念，对动物也一样适用。女性主义跟德性伦理则把视线转回到人类自身，从你我对动物的情感出发，找出这种情感之中所包含的道德态度以及道德要求。无论把焦点放在动物身上，还是放在人类自己身上，这些理论都试图在熟悉的经验之中，找到道德思考的出发点：这几家理论分别提出了感知痛苦、生活的主体、生命的充分发展、关怀与同情，以及培养和发挥德性等概念，并用这些熟悉的道德概念，发展各自的动物伦理原则。

二、哪一种理论比较好？

接下来各位会问：哪一种理论比较好？从知识的角度看，这些理论来自不同的传统，各自捕捉到了人类道德经验的某个面向,虽然有简单跟丰富的分别,但是我认为无须只选一种而排除其他。人类跟动物的关系纷繁复杂,牵涉的道德问题相当多样,显然不是只用单独一种理论,根据这个理论所揭示的道德面向,就能够完全覆盖的。即使我在前面把这些理论分成两个大类,我也不认为你在其中只能挑一类,不需要参考另外一类。纯粹谈理论的话,我认为这些理论都有缺陷跟疏漏,但我也深信,这些伦理观点都有助于我们理解和想象人类跟动物的关系。在动物伦理的理论问题上,我是一个**多元而不求精致的杂食主义者**。

但是任何道德理论都必须考虑如何去实践道德,即不能只是提出理想,而是要设法根据道德的要求去改善现状,要能想象如何借着实践,带来一种比现况好的状态。前面介绍的几种动物伦理学,在理论上虽然差异很大,但是在实践层面,它们所建议的立场跟行动却是大同小异的。简单说,它们都要求人类不要再给动物制造痛苦,因此现行的使用动物的方式,绝大部分必须被废止,要不然就是需要受到严格的监督、管制与压缩。在动物实验、吃肉,以及用产业模式大规模养殖经济动物等问题上,各家有着宽松与严格的差异,但是这些理论都能守住"减少不必要的痛苦"的大原则。

不过在两个方面，我个人还是认为辛格的效益主义，以及最后介绍的德性伦理，对改善动物的命运会有比较具体的效果。

三、辛格理论的优点

我重视辛格的效益主义，主要的理由是它是一种具有**公共性格**的理论。这套理论比较简单朴素，哲学的预设比较少，跟一般人的道德直觉最能呼应，直接诉诸痛苦跟快乐这种身体上的日常经验感受，不仅容易理解，也有很强的说服力。效益主义讲求"效益"，这是一种争议小，又可以量化的价值，若是转换成政策目标，可以直接引导各种立法以及公共政策。在动物议题上，效益指的主要是动物的福利；谈福利，比谈动物的权利所引起的争议和阻力少得多。也是由于效益可以被量化、比较，所以在面对实际状况的时候更有弹性。例如辛格容许在一些情况之下吃肉，给动物实施安乐死，或者用动物做实验。这些妥协虽然引起了保护动物的理想主义者的尖锐抨击，但是辛格这种弹性的态度，毋宁说更为踏实。保护动物的诉求，当然要挑战现实，但也一定要跟社会的现实状况接得上。动物伦理谈的是每年几亿、几十亿只动物的生死命运，所以一定要追求实际效果，而效益主义的这些优点，让它在这个早已习惯大量滥用动物的世界里，容易产生实际的效果，即使这种效果通常是必须七折八扣的。事实上，几十年来很多国家都是基于动物福利的考虑，用立法改善动物的处境，各地的动物保护运动所提出来的诉求以及号召，也偏向对动物福利的考量。在这方面，辛格的理论贡献很大，是我特别推重它的原因。

四、德性伦理的优点

至于德性伦理之所以吸引我，是因为它直接指出了**动物的问题出在人类身上**；是因为人类的情感、性格、心灵还欠缺一些重要的、基本的道德品质，观念上又受到太多的扭曲、遮蔽、污染，所以人类对待动物的方式才会如此的冷酷与残忍。德性伦理一向的主张是，理想的人格应该具备一些基本的德性，其中最重要的包括了**善意**、**同情心**、**自我节制**，以及对他人的关怀。这些要求，大家通常都会接受，愿意在我们跟其他人的交往中实践，即使不能完全做到，但是心向往之。奇怪的是，人类为什么偏偏不能、不愿意把这些态度扩展到动物？

最深层的原因，当然是人类中心主义在作祟。但是人类中心主义这种意识形态的特征，不就是自私以及妄自尊大吗？一个人如果已经具备了善意、同情心、自我节制，以及关怀他人的能力，却仍然让自己的道德意识被这样一套傲慢、自大的意识形态所渗透、绑架，不是说明了他的傲慢之心，会蒙蔽住他的一切德性知识跟德性修养吗？如果他希望自己的人格是完整的，在乎自己终究是什么样的一个人，他怎么能不设法摆脱人类中心主义，把德性的修养推广到自己跟动物的关系上呢？**从德性伦理的角度看，我们对待动物的方式正是一面镜子，映照出了自己的道德容貌，让我们可以对着镜子，修补自己道德人格上的残缺跟虚假。**作为一种道德理论，德性伦理所提出的并不是一些仿佛是身外之事的"应当"如何如何的公式，而是回到我们自己，要求你我反省自身，要求我们实践那些自诩的优美、高尚的品格。不把道德当作身外之事，这是我特别重视德性伦理的主要原因。

五、伦理学有用吗?

到这里,我们的讨论也要告一段落了。但是结束之前,不能不追问一个尴尬的问题:对这些伦理的思考有用吗?真的能帮助动物吗?

一种答案是乐观的:这几十年来动物伦理学的蓬勃发展,鼓励了动物保护运动,人类对待动物的方式由此也确实大幅改善。光天化日之下屠宰动物的行为被立法禁止,豢养动物的时候必须注意动物的福利,进行动物实验也需要受到监督和管制。人类食用的肉类数量当然还是个天文数字,但是宰杀动物要讲求人道屠宰,运送跟屠宰动物的过程必须接受政府的监督跟管理。社会上也有不少人投身动物保护,例如收容流浪猫狗,帮助流浪动物绝育,呼吁政府立法保护动物,等等。

不过另外也有一种悲观的声音。有人指出,就在当代动物伦理学开始发展的同时,自20世纪60年代以来,野生动物的数量已经减少了三分之一,从20世纪80年代以降,全世界肉类的消耗量则约为原来的三倍。如果动物伦理学的兴盛发展,居然还无法稍稍节制人类造成的这些伤害,它的效用不能不令人失望。难道伦理、道德的思考注定不能影响现实世界吗？

我认为伦理学可以影响现实世界，不过这种影响注定是间接的。伦理学的直接效应，主要是凭借说理来整理个人的道德观念，以及挑战社会上流行的价值观。个人心灵层面上的改变，会带来局部的效果，但是不可能直接撼动社会制度，也不会改变现有的动物使用体制。要终止人类破坏和侵占野生动物的栖息地，改变几十亿人的饮食消费习惯，甚至挑战整个庞大的肉品养殖产业综合体，挑战生物科技以及医药的研发、产业势力，就需要整个社会的心态、感性、价值观有所变化。我相信，就长远而言，动物伦理所提出的各种想法，对于社会整体价值观的改善，是可以发挥一些作用的。

话说回来，动物伦理跟专门针对人类的伦理有一点不同，就是它是一种特别低调的伦理，不仅不追求超凡入圣的个人道德修养、道德成就，反而把眼光放低，只关注动物在基本生活层面所承受的痛苦跟折磨。因此，这样的伦理学拿不出来什么崇高伟大、令人敬畏向往的理想，或者以道德权威强迫人们接受它的要求；它的说服力只能依靠人性中对苦难的同情、关怀等非常平凡、朴素的情感。不论各家动物伦理学如何建构它们的理论，背后其实都预设了这种共通的人性面，否则穷尽逻辑之力，动物的痛苦也很难让这些理论打入人心。

但正是因为动物伦理必须诉诸这种相当基本的善良人性，动物伦理除了关注动物，还有一个附带的功能，就是提醒社会，人间需要有一种特别讲求同情、关怀的感知与情绪模式。我们前面的历史回顾以及理论介绍显示，动物伦理所论证的动物的利益跟权利，能不能获得应有的道德关注，在很大的程度上要看人类社会能不能出现相应的风气，对各种生命的痛苦更为敏感、在意，并且乐于出手帮助。动物伦理所呼吁、要求的，无非就是个人设法培育这种心态，同时唤醒社会朝这个方向演变，推动社会整体的道德进步。

六、动物伦理与社会进步

这个希望是不是脱离了现实呢？毕竟，很多人已经不相信有"进步"这回事，尤其不相信"道德进步"这种童稚乐观的历史哲学。他们历经教训，更不敢相信道德的力量能够引导历史的实际走向。我并不愿意轻易抛弃道德进步的信心，但我也承认，所谓进步，很可能只是一种乌托邦。所以我从事动物伦理的研究,原先只是寄一点希望于说服更多的有心人来关心动物而已,并没有赋予它更大的使命。但当我读了美国心理学家斯蒂芬·平克的《人性中的善良天使》一书,我又恢复了一些信心。平克在这本书里论证,在历史的漫长历程中,可以看出的确有一个**进步的趋势**存在,这个趋势表现在各种形式的暴力与残酷行为逐渐减少,人们和平相处的机会增加,对异己者能表现出包容,对弱势者多了一些同情。平克认为,这些就构成了所谓的"道德进步"。平克详细整理了这个趋势在历史上各个时期的表现。到了20世纪后期,在他称为"权利革命"的阶段,人们愈来愈不能接受各种对少数族群、女性、儿童、同性恋者以及动物的侵犯行为;相对之下,对于黑人的民权、女性的权利、儿童的权益、同性恋的权利,以及动物权,愿意接受的人也在缓慢地增加。平克分析了人类历史这个趋势的内在以及外在的成因,他认为就人类的内在心灵因素而言,**同情心**、**自制力**、**道德观念**,以及**理性**,有助于这个趋势的成长。这四者,他借用美国林肯总统的字眼,称之为"人性中的善良天使"。

我们不必完全接受平克的观点。但是即使他的历史叙事有这样那样的问题,也不代表道德进步完全是幻想。也许平克过分强调了正面的进步证据；他也承认，进步往往是局部的，可能出现倒退，也会发生逆转，可是道德进步在人类历史上的整体趋势，似乎很难被完全否认。人性中的善良天使并不是全能，但也不是毫无作为的。

在这里我们要注意到，动物伦理所强调的慈悲、同情心、自我节制，以及关怀他人等德性，跟平克所描述的"人性中的善良天使"，不是有一些呼应吗？从这个角度去想，动物伦理不仅希望减少动物的苦难，也着眼于改善人的道德品质，进而推动社会的道德进步。从这个角度去看，动物伦理的意义并不只在拯救动物，而且还是我们的社会整体进步的一个环节。

七、我们从何处着手？

不过，"行远自迩，登高自卑"，动物伦理即使可以发挥重要的功能，但我们还是必须从低处、从近处去用心用力。先说怎么用心。在本书开始的时候我提到，我们多数人都不是动物专家，缺乏关于动物的知识。据估计，地球上现存的动物物种至少有七百万种，绝大多数都不曾被人类研究过，至于你我能够稍有认识的动物，我想种类不会很多，而且我们的认识，也注定是很表面的，包含很多错误。另外，人类跟动物的关系，尤其是各种使用动物的方式，也非常多样复杂，通常外行人并不了解其中的具体细节。

因此，我们可以从**增加自己的动物常识**开始，至少对身边的动物，经常使用和消费的动物，设法多一点认识。最近几年，由于社会上对动物的兴趣增加，出版社也经常推出关于动物的书籍，特别是有关动物行为、动物心灵，以及动物在文学、历史、神话、艺术等领域的角色，都可以找到很好的著作。对动物的认识深入一点，我们才知道该怎么想象、对待动物，这是动物伦理的基础工作。

在另一方面，我们要开始注意，自己的日常生活中，**动物在哪里**、是以什么方式进入我们的生活的，又遭遇了什么样的命运。你吃掉一盘肉，几个鸡蛋，一杯牛奶，或者看到街头巷尾的流浪猫狗，动物园里被囚禁起来的动物，要能联想到这个社会整体的动物使用体制。各位读过本书，应该已经具备了这种联想的能力。而经由我们一路介绍的各种动物伦理观点，如今面对这个充满暴力与残酷，造成大量痛苦与死亡的体制，你就更有责任形成你自己的道德判断了。

但是有了道德判断之后，你能做什么？我建议每个人选择自己的关心所在，**量力而为**。你可以照顾流浪猫狗，可以参加或者支持动物保护团体，但是不要给自己增添太大的经济负担以及情绪负担。至于素食，如果你有这个心愿，但是还做不到全素，我建议你从我所推荐的**量化素食**开始，你可以尽量减少吃肉，每周一天或者某几天的某一餐吃素，甚至在你方便、想到的时候就吃素。你可以继续吃肉，但是不要不承认，吃肉其实是在享用动物的痛苦跟死亡。

这种"量力而为""量化素食"的态度，好像把道德的要求变成了可以量化的东西，但是道德岂不应该是绝对、纯粹的吗？道德要求我做一件事，难道我可以只做三分、五分、七分，然后还说符合道德的要求吗？绝对的道德观认为是非二分、黑白分明，中间容不下灰色的地带。但是我不认为如此。我的道德观相当宽容。我认为道德的功能是帮人少做坏事，多做好事，"多"跟"少"的分别是有意义的。但是人的意志是脆弱的，能力是有限的。因此，一个人着手去做对的事情，已经相当可贵，我们要祝他最后能够勉力完成；但即使尝试做好事而没有完成，也要比因为种种顾虑而根本没有去尝试更值得推许。"为山九仞"已经很了不起了，"功亏一篑"就留待下一阶段的努力吧。

在这个人类中心主义根深蒂固的时代与社会,动物伦理是一种特别困难,也特别需要鼓励的道德长征事业。多年来,我遇到过许多善良的人,想要帮助动物,结果付出太多,牺牲太大。也有很多人愿意吃素,又担心自己还没有办法吃全素,因此不敢轻易尝试。这些经验提醒我,动物问题所需要的伦理观点,一定要低调,要能够让所有有心的人用诚实、明智、有效的方式,实践他们对动物的情感和关怀。这是我提出以上这种宽松、低调的伦理观的理由。我的动物伦理学,就是在朝这个方向努力的。

八、结语

最后要向各位告别了。我非常珍惜这个机会,有缘跟各位一起思考动物伦理的各种问题。感谢各位有耐心,阅读这个有点艰涩而又不很愉快的主题。我衷心希望,各位在读过本书之后,感到有所收获。祝福大家都能继续思考跟努力,改善动物的命运,也改善我们自己的心性品格,改善这个社会的道德品质。希望有机会跟大家再见面。

附录：一份或可参考的书目

多年来，在动物议题的大范围里，我阅读、参考过的书籍、论文、报道甚至文学作品不算少，也相当庞杂。有些留下了笔记，有些看过即忘，还有一些潜移默化，已经被吸收融入我自己的想法。此刻要列出写作本书时用到的全部材料，我觉得不可能也并无必要。但是为了方便读者进一步阅读，我勉强列出一些很基本的书籍，读者可以参考。我尽量只列出中文著作或者中文译本。但是有些书籍或文章，虽然没有中译本，我仍然列出英文版本，也许对某些读者会有帮助。

动物伦理的文献，乃至于动物研究的相关著作，堪称浩如烟海。近年也都翻译出了很多精彩的书籍、文章。但我对大陆的相关著作以及翻译，并没有足够的掌握。台湾方面，我也没有做记录的习惯。因此，这份书目的遗漏非常多。

本书题词页上的那段话引自米兰·昆德拉的《生命中不能承受之轻》的第七章"卡列宁的微笑"，见该书的繁体版，韩少功、韩刚译，第344页，对应的英译本为第281页。在这一章里，昆德拉谈到很多跟本书内容有关的话题，读者无妨参考。

在前言中，我提到释昭慧法师的佛教动物伦理学。她的相关著作很多，在此我只记下她与辛格的对谈：彼得·辛格、释昭慧著，袁筱晴译，《心灵的交会：山间对话》（桃园：法界出版社，2021）。

本书并没有详细介绍鸡、猪、牛等经济动物的实际情况，也避开了养殖、屠宰过程的描写。原因很简单：我所知的太少。但是这方面的书很多，也陆续有一些译本出来。在这里我随手举出梅乐妮·乔伊著，姚怡平译，《盲目的肉食主义：我们爱狗却吃猪、穿牛皮？》（台北：新乐园出版社，2016）。

关于人类和动物互动时的心理机制，由于研究的成果不算很多，可供参考的材料有限，也都没有翻译成中文，在此只能记下英文资料。第 2 讲里面所介绍的各种实验发现，主要参考了 T. J. Kasperbauer, *Subhuman: The Moral Psychology of Human Attitudes to Animals* (New York: Oxford University Press, 2018)，以及 Steve Loughnan, "Thinking Morally about Animals," in Kurt Gray and Jesse Graham, eds. *Atlas of Moral Psychology* (NYC, NY: The Guildford Press, 2018), pp. 165-174。Kasperbauer 著作的主要结论是：人类心理上对动物的贬抑根深蒂固，道德哲学或者动物伦理很难挑战甚至改变这个事实。作者建议，唯一的希望是借着政府的政策去改变人类的道德心理构成。

其次，关于人类中心主义，英文著作里有非常多的讨论，目前似乎也很少被翻译成中文。梅兰妮·查林杰著，陈岳辰译，《忘了自己是动物的人类：重思生命起源的历史与身而为人的意义》（台北：商周出版社，2021）很值得参考。但是有兴趣的读者，务必读一遍基思·托马斯著，宋丽丽译，《人类与自然世界：1500—1800 年间英国观念的变化》（南京：译林出版社，2008）。基思·托马斯（Keith Thomas）是英国的著名历史学者，长期在牛津大学任教。这本书资料丰富，所谈的时段虽然只限于

1500—1800年,并且以英国为主,不过非常有助于我们理解人类中心主义的起源以及发展。

第4讲谈到了"绝对否定论"与"相对否定论"。这两个概念,首先见之于 Mary Midgley, *Animals and Why They Matter* (Athens, Georgia: University of Georgia Press, 1983),不过我的讨论,并非直接取材自这本书,而是综合了许多相关著作。比较全面的西方动物哲学史,应推 Gary Steiner, *Anthropocentrism and Its Discontent: The Moral Status of Animals in the History of Western Philosophy* (Pittsburgh, Pa.: University of Pittsburgh Press, 2005)。

第4讲还谈到时代的限制以及人道主义革命,欧洲人道德意识的变化,读者可以参考上面提到的《人类与自然世界》。不过也有比较全面的著作,涵盖了古代、中古,以及近代和现代,我大力推荐斯蒂芬·平克的一部著作,有两个中译本。简体版为安雯译的《人性中的善良天使:暴力为什么会减少》(北京:中信出版社,2015);繁体版为颜涵锐、徐立妍译的《人性中的良善天使:暴力如何从我们的世界中逐渐消失》(台北:远流出版公司,2016)。"人道主义革命"一词,即来自本书。在上面第14讲,我再度借助于这本书,以"权利革命"为例,说明我心目中动物伦理与社会进步的关系。

第 5 讲所引的边沁的名言，出自边沁著，时殷弘译，《道德与立法原理导论》（北京：商务印书馆，2000）。这一讲所引彼得·辛格的内容，出自孟祥森、钱永祥译，《动物解放》（台北：关怀生命协会，1996；北京：光明日报出版社，1999）。《动物解放》的另一个中文译本，见祖述宪译，《动物解放》（青岛出版社，2004；北京：中信出版社，2018）。《动物解放》也是第 6 讲、第 7 讲的依据。这本书在动物伦理学的奠基地位，在前文已经再三强调，在此不赘。

辛格有一篇短文，被收在彼得·辛格、汤姆·里根合编，曾建平、代峰译，《动物权利与人类义务》（北京：北京大学出版社，2010）一书中。辛格的《实践伦理学》也有专章讨论动物，值得参考。

第 8 讲和第 9 讲介绍汤姆·里根，他的主要著作是李曦译，《动物权利研究》（北京：北京大学出版社，2010）。这本书读起来比较辛苦，读者可以参考收在上面提到的《动物权利与人类义务》书中的短文《动物权利研究》。另外，下面提到的由台湾大学外文系创办的《中外文学》杂志，在第 32 卷第 2 期里，里根著，王颖译，《伦理学与动物》这篇短文值得参考。

第 10 讲、第 11 讲两讲介绍纳斯鲍姆的能力论。在这里，我主要根据她在 2006 年出版的 *Frontiers of Justice: Disability, Nationality, Species Membership* (Cambridge, MA: Harvard University Press) 一书中的论点。这本书有徐子婷、杨雅婷、何景荣译的繁体版,《正义的界限：残障、全球正义与动物正义》（台北：韦伯文化出版公司，2008），以及朱慧玲、谢惠媛、陈文娟译的简体版,《正义的前沿》（北京：中国人民大学出版社，2016）。不过最近得知，她在 2022 年底将要出版一本《动物的正义：我们的集体责任》（*Justice for Animals: Our Collective Responsibility*），她的观点有没有改变，会不会采取不一样的理论架构，我目前不知道。但我猜想，她不会放弃能力论，不过有鉴于近十年来她的思路发展，她会更为重视情绪或者情感的道德作用。

在第 10 讲介绍了亚里士多德的"致善论"。"致善"一词来自陈祖为著，周昭德、韩锐、陈永政译,《儒家致善主义：现代政治哲学重构》（香港：商务印书馆，2016）。

第 11 讲提到约翰·斯图亚特·穆勒的《自然》（*On Nature*）一文，大概是写于 1850—1858 年，也就是他生命中期的作品。在穆勒去世之前，他曾准备把这篇文章跟另外两篇文章合为一辑出版，也就是在他身后才由继女海伦·泰勒所出版的《宗教三论》(*Three Essays on Religion*)。据我所知，这篇文章目前还没有中文版本。

第12讲谈女性主义对动物的看法，我所讨论的关怀伦理以及素食生态女性主义，相关材料就我的有限所知并没有中文译本。我没有提到关怀伦理的倡议者之一卡罗尔·J·亚当斯，不过在此仍列出她的著作：卓加真译，《男人爱吃肉·女人想吃素》（台北：柿子文化，2006）。另外在《中外文学》第32卷第2期，收有约瑟芬·多娜文著，吴保霖译，《动物权与女性主义理论》一文，也值得参考。

关于关怀伦理，见 Josephine Donovan and Carol J. Adams, *The Feminist Care Tradition in Animal Ethics* (New York: Columbia University Press, 2007)，素食生态女性主义，可参考 Greta Gaard, "Vegetarian Ecofeminism: A Review Essay," *Frontiers-A Journal of Women Studies*, 23, 3 (2002), pp.117-146。

第13讲从德性伦理的角度谈动物议题，代表人物是赫斯特豪斯，但就我所知，她的著作并没有中译本。在此我只列出 Rosalind Hursthouse, "Virtue Ethics and the

Treatment of Animals", 收在 Tom L. Beauchamp and R. G. Frey, eds., *The Oxford Handbook of Animal Ethics* (Oxford: Oxford University Press, 2012)。

第14讲谈动物伦理与社会进步，同样可以参考前面所引的平克的《人性中的善良天使》。

让我再强调一次：以上所列的书单极不完整，遗漏非常多，读者参考即可。

最后，我要推荐黄宗慧著，《以动物为镜》（台北：启动文化，2018），以及黄宗慧、黄宗洁著，《就算它没有脸》（台北：麦田出版，2021）。这两本书的主题与本书相通，其涵盖面更宽广，但是写得比本书动人、有趣，相信读者会更喜欢读的。

致 谢

我想写一本动物伦理的书虽然已经很久，也积下了一些残稿，但积极地着手写作，是在2019年初。当时梁文道先生来台北，希望我为他所主持的"看理想"平台做一档有关动物伦理学的节目。文道兄的邀约，给我提供了着手写作的动力。

不过我写东西通常难有腹稿，只有在动笔的过程中才能慢慢找到自己的想法。这本书的写作在摸索中前行，过程十分周折，经常碰壁，必须另辟蹊径，找寻出路，所以用了很长的时间，在三年多之后才算成形，其间文道兄已经离开"看理想"了。不过我仍要感谢他当初的邀约，以及之后直到今天的耐心和信心。"看理想"的工作同仁申宇和殷吉不时来信敦促。在制作音频的录音过程中，他们不断给我技术指导以及鼓励。到了播出之前，编辑刘潇夏接手，让节目顺利播出。对他们几位，我非常感激。之后北京"理想国"的张妮，以及台北联经出版公司的沙淑芬承担纸书的策划、编辑工作，我受惠良多，也要致上谢意。

台北动物社会研究会的朱增宏、陈玉敏是我在动物保护圈敬佩的行动者。他们几十年来投入动物保护，从流浪动物到经济动物，台湾社会上的各种动物议题经常是由他们先提出来，之后无役不予，推动改革。这次我请他们读过本书全稿，纠正了一些错误。北京的莽萍和梁治平，熟悉大陆的各项动物议题，对动物伦理的理论以及中国的动物保护法律也涉猎极深。我请他们从大陆读者的角度，阅读本书初稿。他们提出了相当多的修改意见，我获益匪浅。对这些同道的朋友，我衷心感激。

在写作本书的最后阶段，家母高龄去世。她生我养我，带我逃离战火，抚育我成人，我要在此记下对她的感激和追念。

最后，我要感谢家人、家猫，以及各地的许多朋友。多年来，大家支持我从事动物伦理的研究，一路给我很大的鼓励。当然也有朋友认为这个主题的学术和实践意义有限，无助于我们时代的各种大小燃眉之急。他们的质疑，正好提醒了我，不能把动物议题从人性和社会的脉络里孤立出来，而是要把动物伦理当作人类**伦理生活**的一个环节。我希望本书回应了他们的挑战。

钱永祥

2022年11月30日在台湾南港／汐止

版权登记号：图字：01-2024-0400号

图书在版编目（CIP）数据

人性的镜子：动物伦理14讲 / 钱永祥著. -- 北京：当代世界出版社，2024.4
ISBN 978-7-5090-1784-5

Ⅰ.①人… Ⅱ.①钱… Ⅲ.①动物－伦理学 Ⅳ.①B82-069

中国国家版本馆CIP数据核字(2023)第220842号

书　　名：	人性的镜子：动物伦理14讲
作　　者：	钱永祥
监　　制：	吕　辉
责任编辑：	高　冉
出版发行：	当代世界出版社有限公司
地　　址：	北京市东城区地安门东大街70-9号
邮　　编：	100009
邮　　箱：	ddsjchubanshe@163.com
编务电话：	(010) 83908377
发行电话：	(010) 83908410 转 806
传　　真：	(010) 83908410 转 812
经　　销：	新华书店
印　　刷：	山东韵杰文化科技有限公司
开　　本：	1092毫米×850毫米　1/32
印　　张：	7.25
字　　数：	116千字
版　　次：	2024年4月第1版
印　　次：	2024年4月第1次
书　　号：	ISBN 978-7-5090-1784-5
定　　价：	56.00元

法律顾问：北京市东卫律师事务所 钱汪龙律师团队
（010）65542827
版权所有，翻印必究；未经许可，不得转载。